高等院校信息技术规划教材

EDA技术与实验

韩鹏 李岩 宋昕 刘少楠 编著

清华大学出版社
北京

内容简介

本书是一种应用性、实践性很强的EDA技术实验教材，涉及现代EDA课程教学中的主要技术，并通过丰富的实验向读者提供学习与实践的参考指导。在内容的组织和编写风格上，本书力求做到结合新颖而详尽的设计实例，信息量大，尤其注重实践和设计技巧，深入浅出，使电子信息类专业学生、工程技术人员使用本书后能迅速进入EDA领域，掌握从事电子系统设计工作所需要的基本能力和技能。同时，本书通过大量不同难度的设计实例和综合设计，能够有助于大学相关专业对EDA技术及实验的讲授，并且使不同层次的读者能够尽快提高其应用EDA技术的动手实践能力与知识运用能力。

本书适合作为高等学校电子信息类、自动化类及其他相近专业本专科生相关课程的实验教材和参考书，也可作为EDA爱好者的自学教材使用。

图书在版编目(CIP)数据

EDA技术与实验/韩鹏等编著. —北京：清华大学出版社，2019
(高等院校信息技术规划教材)
ISBN 978-7-302-52138-9

Ⅰ. ①E… Ⅱ. ①韩… Ⅲ. ①电子电路－电路设计－计算机辅助设计－高等学校－教材 Ⅳ. ①TN702

中国版本图书馆CIP数据核字(2019)第010046号

责任编辑：袁勤勇 常建丽
封面设计：常雪影
责任校对：梁 毅
责任印制：丛怀宇

出版发行：清华大学出版社
网 址：http://www.tup.com.cn，http://www.wqbook.com
地 址：北京清华大学学研大厦A座 **邮 编**：100084
社 总 机：010-62770175 **邮 购**：010-62786544
投稿与读者服务：010-62776969，c-service@tup.tsinghua.edu.cn
质量反馈：010-62772015，zhiliang@tup.tsinghua.edu.cn
课件下载：http://www.tup.com.cn，010-62795954
印 刷 者：北京鑫丰华彩印有限公司
装 订 者：三河市溧源装订厂
经 销：全国新华书店
开 本：185mm×260mm **印 张**：8.5 **字 数**：204千字
版 次：2019年8月第1版 **印 次**：2019年8月第1次印刷
定 价：29.00元

产品编号：078863-01

前言 Foreword

电子设计自动化(Electronic Design Automation,EDA)技术是指利用计算机完成电子系统的设计,以计算机和微电子技术为先导的先进技术,其汇集了计算机图形学、拓扑学、逻辑学、微电子工艺与结构学以及计算数学等多种计算机应用学科的最新成果,可以使设计开发人员利用 EDA 工具完成电子系统设计中的绝大部分工作,并自动地得到设计结果,从而使得电子系统设计及调试如同修改软件一样方便,极大地提高了设计效率。近年来,智能硬件的发展与半导体技术的革新为电子系统设计带来了革命性的变化,电子设计自动化技术已经成为现代电子工业的核心学科,引领了现代信息技术的发展方向,也成为电子信息工程专业本科生考研深造与就业所必需的重要技能。

由于其技术的优越性与先进性,EDA 已经成为国内外一流理工科类院校相关专业的必修核心课程。EDA 课程的教学注重编程逻辑器件、EDA 开发工具与硬件描述语言的结合,具有明显的前沿性和较强的实践性,不断追求将现代先进的电子理论、仿真技术、设计技术与计算机软件技术的有机融合与升华。为了更好地促进大学相关专业对 EDA 技术及实验的讲授,提高学生的动手实践能力与知识运用能力,特编写本书。

本书共分为 6 章,包含了 19 个实验项目,配有详细的基础知识讲解、参考流程、实验内容以及相关代码。其中,第 1 章旨在强化对 EDA 基本概念及逻辑的讲解,第 2 章介绍了本书使用的典型 EDA 开发板的主要资源和实验对象;第 3 章为 EDA 教学的课程实验提供了案例,通过基础性实验完成对课本知识的掌握和对 EDA 概念及开发模式的理解;第 4 章通过各类自修实验进一步拓宽学生的知识面,提高学生对 EDA 知识的运用能力;第 5 章与第 6 章进一步将 EDA 与 SOPC 的应用相结合,与电子设计行业的主流需求接轨,并为包含课程设计的 EDA/SOPC 课程提供了案例参考;附录部分提供了本书使用的实验箱的相关资源分布与引脚名称。在内容的编写中,本书教育目标突出、注重理论与实践结合、实验难度循序渐进、教学方法灵活，从促进学生掌握常用操作与工具的基础实验，到巩固知识、强化技能的提高型实验，再到课程设计综合型实验均有囊括，并提供配套的教学资源解决方案，适合相关专业的学生使用。

本书由韩鹏负责统稿，韩鹏、李岩、宋昕、刘少楠主持编写，陈晶晶、陈琪、孙云鹏、赵萍、武卓然、王莹、方笑晗、曹知奥、司方远参与编写。袁赫阳、单誉桐协助了部分实验的验证。东北大学的汪晋宽教授对本书的编写与完善给予了重要的指导；东北大学秦皇岛分校的刘杰民、刘志刚、李志刚、谭雷在本书的撰写过程中提供了宝贵意见与帮助，在此一并感谢。本书的出版特别感谢百科荣创（北京）科技发展有限公司、青岛若贝电子有限公司提供的教育部协同育人项目的宝贵支持。

本书适合作为高等学校电子信息类、自动化类及其他相近专业本专科生相关课程的实验教材和参考书，也可作为EDA爱好者的自学教材使用。为方便读者学习，本书中涉及的实验范例及相关素材可在编者的个人网站韩博士工作室下载，网址为http://www.drhan.org。

由于编者水平有限，书中不足之处在所难免，敬请读者批评指正。

本书的出版得到以下基金项目的支持：

- 国家自然科学基金项目（61603083，61473066）。
- 河北省自然科学基金项目（F2017501014）。
- 中央高校基本科研业务费项目（N172304028，N162303005）。
- 河北省高等教育教学改革研究与实践项目。
- 河北省创新创业教育教学改革研究与实践项目。
- 秦皇岛市社会科学发展研究课题（201807106）。

编　者

2018年8月

目录 Contents

第1章 chapter 1

简　述

1.1 EDA技术简介

电子设计自动化(Electronic Design Automation，EDA)技术是指利用计算机完成电子系统的设计。其以计算机和微电子技术为先导的先进技术，汇集了计算机图形学、拓扑学、逻辑学、微电子工艺与结构学以及计算数学等多种计算机应用学科的最新成果。现代电子设计技术的核心是EDA技术，利用EDA工具可以使设计者完成电子系统设计中的大部分工作，设计人员对系统功能进行描述后，通过计算机软件进行处理，即可得到设计结果。而且对电子系统设计的修改如同修改软件一样方便，可以极大地提高设计效率。

广义的EDA技术可以理解为利用计算机的辅助作用完成的与电子技术相关的自动化设计技术。其主要应用于半导体工艺设计自动化、可编程器件设计自动化、电子系统设计自动化、印制电路板设计自动化以及仿真与测试等领域。狭义的EDA技术是指以大规模可编程逻辑器件或专用集成芯片为设计载体，以硬件描述语言为系统逻辑描述的主要表达方式，以计算机、大规模可编程逻辑器件或专用集成芯片的开发软件及实验开发系统为设计工具，自动完成用软件方式描述的电子系统到硬件系统的逻辑编译、逻辑简化、逻辑分割、逻辑综合及优化、布局布线、逻辑仿真，直至完成对特定目标芯片的适配编译、逻辑映射、编程下载等工作，最终形成集成电子系统或专用集成芯片的一门多学科融合的新技术。

20世纪90年代以来，微电子工艺有了惊人的发展，2006年工艺水平已经达到60nm，2011年达到28nm，2016年达到14nm。在一个芯片上已经可以集成上百万乃至数亿只晶体管，芯片速度达到Gb/s量级。随着工艺水平的发展，硅片单位面积上可集成的晶体管数量越来越多：1978年推出的8086微处理器芯片的集成度为4万只晶体管；2000年推出的Pentium 4微处理器芯片的集成度上升到4200万只晶体管；2005年生产的可编程逻辑器件(Programmable Logic Device，PLD)的集成度达到5亿只晶体管，包含的逻辑元件(Logic Elements，LEs)有18万个；2009年生产的PLD中的LEs达到84万个，集成度达到25亿只晶体管；2011年生产的PLD中的LEs达到95.2万个；2016年生产的PLD中的LEs达到550万个，集成度超过30亿只晶体管。原来需要成千上万只电子元器件组成的计算机主板或彩色电视机电路，现在仅用一片或者几片大规模集成电路就可以代替，人们已经能够把一个完整的电子系统集成在一个芯片上，即系统单芯片技术(System on a Chip，SOC)。PLD的出现极大地改变了传统电子系统的设计方法。PLD自20世纪70年代后开始发展，经历了可编程逻辑阵列(Programmable Logic Array，PLA)、通用阵列逻辑(Generic Array Logic，GAL)、现场可编程门阵列(Field Programmable Gate Array，FPGA)和复杂可编程逻辑器件(Complex Programmable Logic Device，CPLD)等阶段，PLD的广泛使用不仅简化了电路设计、降低了研制成本、提高了系统可靠性，而且给数字系统的设计和实现过程带来了革命性变化。电子系统的设计方法从CAD(Computer Aided Design)、CAE(Computer Aided Engineering)发展到EDA，设计的自动化程度越来越高，设计的复杂性也越来越强。

EDA技术是现代电子设计的有效手段，如果没有EDA技术的支持，要完成超大规模集成电路的设计和制造的复杂度是不可想象的。当然，EDA技术也是随着电子技术的发展而不断进步的。本书将主要介绍应用于大规模可编程逻辑器件CPLD/FPGA的EDA技术。

1.2 硬件描述语言简介

随着电子系统设计的集成度、复杂度越来越高，传统的原理图设计方法已经不再满足新的设计要求，因此需要借助目前先进的EDA工具，使用一种描述语言，能够对数字电路和数字逻辑系统进行形式化的描述，这就是硬件描述语言(Hardware Description Language，HDL)。设计者利用HDL描述自己的设计思想，利用EDA工具进行仿真，并自动综合到门级电路，最后由专用集成电路(Application-Specific Integrated Circuit，ASIC)或FPGA实现功能。例如，设计一个二输入与门，传统的方法一般是从标准器件库中调用一个74系列的器件，但在硬件描述语言中，可以用&的形式描述一个与门，如C=A&B就是一个二输入与门的描述，而and就是一个与门器件。

常见的硬件描述语言包括VHDL、Verilog HDL、AHDL、System Verilog和System C等，但在IEEE工业标准中，主要有VHDL和Verilog HDL，这是当前最流行的硬件描述语言，得到几乎所有主流EDA工具的支持。VHDL发展较早，始于美国国防部的超高速集成电路计划，目的是给出一种与工艺无关、支持大规模系统设计的标准方法和手段，其语法严格，是一种全方位的硬件描述语言，包括系统行为级、寄存器传输级和逻辑门级多个设计层次，支持结构、数据流、行为3种描述形式的混合描述。自顶向下或自底向上的电路设计过程都可以用VHDL完成。

Verilog HDL是在C语言的基础上发展起来的，语法较自由，具有简洁、高效、易用的特点。Verilog HDL最初是由Gateway Design Automation公司于1983年为其模拟器产品开发的硬件建模语言，于1995年成为IEEE标准。Verilog HDL用于从算法级(Algorithm Level)、寄存器传送级(Register Transfer Level)、门级(Gate Level)到版图级(Layout Level)等各个层次的数字系统建模，设计的规模可以是任意的，Verilog HDL不对设计的规模大小施加任何限制。Verilog HDL各层次的描述方式见表1-2-1。

表 1-2-1 Verilog HDL 各层次的描述方式

设计层次	行为描述	结构描述
行为级	系统算法	系统逻辑框图
RTL 级	数据流图、真值表、状态机	寄存器、ALU、ROM 等分模块描述
门级	布尔方程、真值表	逻辑门、触发器、锁存器构成的逻辑图
版图级	几何图形	图形连接关系

Verilog HDL 可以采用 3 种不同方式或混合方式对设计建模,包括行为描述方式,即使用过程化结构建模;数据流方式,即使用连续赋值语句方式建模;结构化方式,即使用门和模块实例语句描述建模。此外,Verilog HDL 还提供了编程语言接口,可以实现在模拟、验证期间从外部访问设计,包括模拟的具体控制和运行,完整的 Verilog HDL 足以对从最复杂的芯片到完整的电子系统进行描述。

Verilog HDL 不仅定义了语法,还针对每个语法结构分别定义了清晰的模拟、仿真语义。因此,用这种语言编写的模型能够在 Verilog 仿真器进行验证。Verilog HDL 从 C 语言中继承了多种操作符和结构,具有可扩展的建模能力,核心子集非常易于学习和使用。Verilog HDL 作为标准化的硬件设计语言,设计时独立于器件,能够将完成的设计移植到不同厂家的不同芯片中,且信号参数易于更改。Verilog HDL 的设计与工艺无关,使得设计者在功能设计、逻辑验证阶段可以不必过多考虑门级与工艺实现的具体细节,只是在系统设计时,根据不同芯片的需要施加不同的约束条件,即可设计出实际电路,具有很强的移植能力。

VHDL 与 Verilog HDL 都可以在不同层次上对电路进行描述,并且最终都要转换成门电路级,才能被布线器或适配器接受。与 VHDL 相比,Verilog HDL 因其易学易用,编程风格灵活简洁等优点,被美国许多著名高校作为主要授课内容。

1.3 EDA 集成开发工具简介

1.3.1 EDA 开发工具的分类

EDA 开发工具大体分为两类。一类是专业的 EDA 软件公司开发的工具,也称为第三方 EDA 软件工具。比较著名的开发公司有 Synopsys、Cadence Design System、Mentor Graphics 等,这些公司有各自独立的设计流程和相应的 EDA 设计工具,独立于 PLD 器件厂商,开发的 EDA 工具软件功能强,且涉及电子设计的各个方面,包括数字电路设计、模拟电路设计、数模混合设计、系统设计和仿真验证等电子设计的许多领域。这些软件对硬件环境要求高,适合进行复杂和高效率的设计,价格昂贵。另一类是半导体器件厂商为了销售其产品而开发的 EDA 工具,比较著名的有 Intel(原 Altera)公司的 MAX+Plus Ⅱ和 Quartus Ⅱ、Quartus Prime,Xilinx 公司的 Foundation 和 ISE,以及

Lattice公司的ispDesignEXPERT和ispLEVER等。这些器件厂商根据各自PLD器件的工艺特点推出相应的EDA工具软件，从器件的开发与应用角度进行优化设计，针对性强，能有效提高器件资源利用率，降低功耗，改善性能。同时，软件还具有操作简单、对硬件环境要求低等优点，适合产品开发单位使用。

1.3.2 EDA集成开发工具软件完成的功能

EDA集成开发工具软件一般包含设计输入编辑器、设计仿真工具、HDL综合器、布局布线适配器和编程下载工具等模块。设计输入编辑器具有文本编辑和图形编辑功能，帮助设计者完成HDL文本或原理图的输入与编辑工作，并进行语义正确性、语法规则的检查。设计仿真工具帮助设计者验证设计的正确性，在系统设计的各个层次都要用到仿真器。在复杂的设计中，仿真可能比设计本身还要困难，仿真速度、仿真准确性和易用性是衡量仿真器性能的重要指标。HDL综合器将HDL文本或图形输入依据给定的硬件结构和约束控制条件进行编译、优化和转换，最终获得门级电路描述网表文件。布局布线适配器实现由逻辑设计到物理实现的映射，因此与物理实现的方式密切相关。例如，最终的物理实现可以是CPLD或FPGA等。由于对应的器件不同，布局布线工具也会有很大的差异，适配器最终输出的是各厂商自定义的下载文件，由编程下载工具下载到器件中实现设计。

按功能对EDA工具进行分类，其可以分为以下几类：集成的FPGA/CPLD开发工具，如MAX Plus Ⅱ、Quartus Ⅱ、Quartus Prime、SE、ispLEVER等；设计输入工具，如HDL Designer Series、UltraEdit、HDL Turbo Writer等；逻辑综合工具，如Precision RTL Plus、Synplify Pro/Synplify、FPGA Compiler Ⅱ、Leonardo Spectrum等；仿真器，如QuestaSim/ModelSim、NC-Verilog、VCS/Scirocco、Active HDL等；其他EDA专用工具，如FPGA Advantage、DSP Builder、SOPC Builder、System Generator、Catapult C等。

1.3.3 Quartus Ⅱ EDA集成开发工具简介

Quartus Ⅱ是Intel公司继Max Plus Ⅱ后推出的新一代EDA开发工具，支持APEX20K、APEX Ⅱ、Excalibur、Mercury、Cyclone以及Stratix等新器件和大规模FPGA的开发。Intel公司是世界上最大的CPLD/FPGA器件供应厂商之一。Quartus Ⅱ在21世纪初推出，其界面友好，使用便捷，提供了一种与结构无关的设计环境，使设计者能方便地进行设计输入、编译处理和器件编程。Quartus Ⅱ软件提供完整的多平台设计环境，为设计流程的每个阶段提供图形用户界面、EDA工具界面以及命令行界面，具有更优化的综合和适配功能，改善了对第三方仿真和时域分析工具的支持。Quartus Ⅱ还包含了DSP Builder、SOPC Builder等开发工具，支持系统级的开发，支持Nios Ⅱ嵌入式核、IP核和用户定义逻辑等。Quartus Ⅱ软件加强了网络功能，具有最新的Internet技术，通过Internet可以直接获得Intel的技术支持。

Quartus Ⅱ软件是一个全面的、易于使用的独立解决方案，可以完成设计流程的所有阶段，具有数字逻辑设计的全部特性。它支持原理图、结构框图、Verilog HDL、AHDL和VHDL等方式的电路描述，并将其保存为设计实体文件；具有功能强大的逻辑综合工具和芯片（电路）平面布局连线编辑功能；利用LogicLock增量设计方法，用户可建立并优化系统，添加后续模块；其完备的电路功能仿真与时序逻辑仿真工具，支持定时/时序分析与关键路径延时分析；可使用SignalTap Ⅱ逻辑分析工具进行嵌入式的逻辑分析；支持软件源文件的添加和创建，并将它们链接起来生成编程文件；使用组合编译方式可一次性完成整体设计流程；能自动定位编译错误；具有高效的器件编程与验证工具；可读入标准的EDIF网表文件、VHDL网表文件和Verilog HDL网表文件；能生成第三方EDA软件使用的VHDL网表文件和Verilog HDL网表文件；具有4种编程模式，即被动串行模式、JTAG模式、主动串行模式和插座内编程模式。

1.3.4 Quartus Prime 简介

Intel公司发布的Quartus Prime设计软件，标志着新一代可编程逻辑器件设计效能新时代的来临。Intel新的软件环境构建在公司成熟可靠而且友好的Quartus Ⅱ软件基础上，采用了新的高效能Spectra-Q引擎。新的Quartus Prime设计软件经过优化，减少了设计迭代，提高了硅片性能，其编译时间达到业界最优，极大增强了FPGA和SoC FPGA设计过程。

1.3.5 ModelSim 简介

Mentor公司的ModelSim是业界优秀的HDL仿真软件，现改名为QuestaSim，它能提供友好的仿真环境，是业界唯一的单内核支持VHDL和Verilog混合仿真的仿真器。它采用直接优化的编译技术、Tcl/Tk技术和单一内核仿真技术，编译仿真速度快，编译的代码与平台无关，便于保护IP核，个性化的图形界面和用户接口，为用户加快调试提供强有力的手段，是FPGA/ASIC设计的首选仿真软件。结合该公司的FPGA综合软件Precision RTL Plus和设计输入管理软件HDL Designer Series及Intel公司的Quartus Ⅱ、Quartus Prime软件，QuestaSim可以提供从设计、验证到综合下载的FPGA的完整流程。

1.3.6 Synplify 简介

综合是数字EDA设计中的重要组成部分，而Synplify软件是可以将HDL源程序转换成相应的门级电路网表的工具。Synplify、Synplify Pro和Synplify Premier是Synplicity公司（Synopsys公司于2008年收购了Synplicity公司）提供的专门针对FPGA和CPLD实现的逻辑综合工具，Synplicity的工具涵盖了可编程逻辑器件（FPGAs、PLDs和CPLDs）的综合、验证、调试、物理综合及原型验证等领域。

1.4 EDA工程的设计流程介绍

1.4.1 EDA工程的整体设计流程

基于可编程逻辑器件的 EDA 工程设计，其典型的设计流程主要包括设计准备、设计输入、设计处理、设计验证、器件编程等基本步骤，如图 1-4-1 所示。

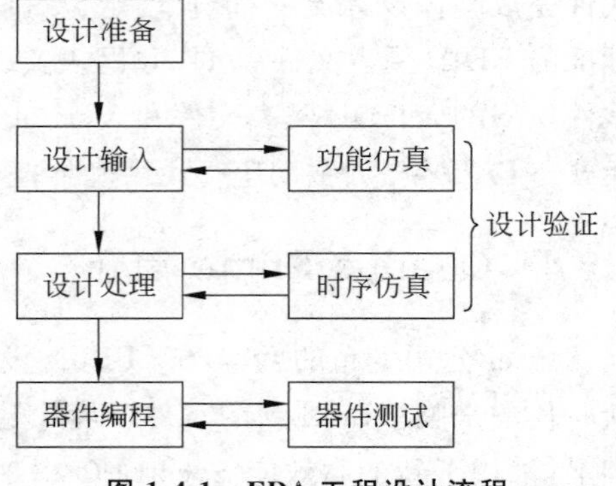

图 1-4-1 EDA 工程设计流程

1.4.2 设计准备阶段

此阶段主要完成系统设计、设计方案论证和器件选择等内容。对于低密度 PLD，可以进行书面逻辑设计，将电路的逻辑功能直接用逻辑方程、真值表状态图或原理图等方式进行描述，然后根据整个电路输入、输出端口数以及所需要的资源(门、触发器数目)选择能满足设计要求的器件系列和型号。对于高密度 PLD，系统方案的选择通常采用自顶向下的设计方法。首先在顶层进行功能框图的划分和结构设计，然后再逐级设计底层的结构。一般描述系统总功能的模块放在最顶层，称为顶层设计；描述系统某一部分功能的模块放在下层，称为底层设计。底层模块还可以再向下分层。系统方案的设计工作和器件的选择都可以在计算机上完成。选择器件时除了应考虑器件的引脚数、资源外，还要考虑其速度、功耗以及结构特点，通过对不同芯片进行平衡、比较，确定最佳方案。

1.4.3 设计输入阶段

设计输入就是设计者将所设计的系统或电路以开发软件要求的某种形式表示出来，并送入计算机的过程。设计输入有多种方式，常用的有原理图输入、硬件描述语言输入和波形输入等，也可以采用文本、图形混合的输入方式。当目标系统不是很庞大时，原理图输入是一种最直接的输入方式，易读性强，便于电路的调整，容易实现仿真。所画的电路原理图与传统的器件连接方式基本相同，编辑器中有许多现成的单元可以利用，也可以根据需要设计元器件，以提高工作效率。但随着设计规模增大，原理图输入的设计易读性降低，电路的实际功能模糊不清，电路结构更改困难，移植性差，难以进行文档管理和交流，不利于团队合作，因此不适于较大或较复杂的系统。硬件描述语言用文本方式描述设计，是 EDA 工程中使用最普遍的输入方式。它分为普通硬件描述语言和行为描述语言。普通硬件描述语言有 ABEL-HDL、CUPL 等，其支持逻辑方程、真值表、状态机等逻辑表达方式；行为描述语言是指高层硬件描述语言 VHDL 和 Verilog HDL，其优点突出，如语言的公开可利用性高，便于组织大规模系统的设计，逻辑描述和仿真功能强，输入效率高，容易实现在不同的设计输入库之间转换，可移植性好，通用性高，设计与芯片工艺及结构无关。波形输入法适合于时序逻辑和有重复性的逻辑函数设计，主要用于建立和编辑波形设计文件以及输入仿真向量和功能测试向量。EDA 工具软件可以根据用户定义的输入/输出波形自动生成逻辑关系。

1.4.4 设计处理阶段

设计处理是 EDA 工程设计中的核心环节，从设计输入完成到编程文件产生的整个逻辑综合、优化、布线和适配过程通常称为设计处理，由计算机自动完成，设计者可通过设置参数控制其处理过程。在编译过程中，软件对设计输入文件进行逻辑化简和综合，逻辑综合得到的网表文件通过适配器对具体的目标器件进行逻辑映射，转换成实际的电路，具体操作包括底层器件的配置、逻辑分割、逻辑优化和布线，最后生成用于编程的下载文件。需要注意的是，HDL 描述的硬件系统要经过逻辑综合后最终转换成硬件电路，如果纯粹以软件工程思想编写代码，可能会造成某些语句不能综合成实际电路，或形成的电路效率低下、性能指标不佳等问题，因此需要设计者对 EDA 工具的逻辑综合和优化过程有一定的了解。编程文件是可供器件编程下载使用的数据文件，对于阵列型 PLD 来说，编程文件是熔丝图文件，即 JEDEC(简称 JED)文件或 POF 格式文件。对于 FPGA 来说，编程文件是位流数据文件，有 SOF、JAM、BIT 等格式的文件。有时为了提高电路的性能和效率，可以采用第三方 EDA 软件进行逻辑综合，如 Mentor Graphics 公司的 Precision RTL Plus、Synopsys 公司的 Synplify 等，最后再用器件商提供的适配器进行适配。

1.4.5 设计验证阶段

设计验证包括功能仿真和时序仿真，是对所设计电路功能的验证，可以在设计输入和设计处理过程中同时进行。功能仿真是在设计输入完成以后的逻辑功能验证，又称前仿真，其没有延时信息，对于初步功能检测非常方便。时序仿真一般在完成器件选择、布局、布线之后进行，又称后仿真。时序仿真可以用来分析系统中各部分的时序关系以及仿真设计性能。在设计过程中，通过对整个系统或各个模块进行仿真，验证电路功能是否正确、各部分时序配合是否准确，发现问题可以随时修改设计，从而避免逻辑错误。设计规模越大，越需要仿真。

1.4.6 器件编程阶段

器件编程是指将编程数据下载到具体的 PLD 器件中。如果在设计过程中编译、综合、适配和仿真都验证通过，则认为该设计在理论上符合设计要求，可以将最终的编程文件下载到目标器件 CPLD/FPGA 中。对于阵列型 PLD，通常将 JED 文件“下载(Down Load)”到 PLD 中；对于 FPGA，是将位流数据文件“配置”到器件中。器件编程需要满足一定的条件，如编程电压、编程时序和编程算法等。普通的 PLD 和一次性编程的 FPGA 需要专用的编程器完成编程工作。基于 SRAM 的 FPGA 可以由 EPROM 或微处理器进行配置。对于系统编程(In-System Programmable,ISP)器件,则无须专门的编程器,只需要一根下载编程电缆。目前的PLD器件一般都支持在系统中编程,因此在设计数字系统和制作PCB时,要预留器件的下载接口。

1.5 EDA/SOPC实验开发系统介绍

EDA/SOPC实验开发系统是根据现代电子发展的方向,集EDA和SOPC系统开发为一体的综合性实验开发系统,除了满足高校专、本科生和研究生的SOPC教学实验开发之外,也是电子设计和电子项目开发的理想工具。整个开发系统由Nios Ⅱ-EP4CE40核心板和底板构成。

就资源而言,Nios Ⅱ-EP4CE40核心板已经可以组成一个高性能的嵌入式系统,能够运行目前流行的RTOS,如μC/OS、μClinux等。系统主芯片采用780引脚、BGA封装的EP4CE40F29C6N,它拥有39600个LE,1134kb片上RAM,232个9×9硬件乘法器、4个高性能PLL以及多达533个用户自定义I/O。板上提供了大容量的SRAM、SDRAM和Flash ROM等以及常用的RS-232、USB2.0、RJ45接口和标准音频接口等,除去板上已经固定连接的I/O,还有多达352个I/O通过不同的接插件引出,供实验箱底板和用户使用。因此,不论从性能上,还是从系统灵活性上,无论对于初学者,还是对于资深硬件工程师,EDA/SOPC实验开发系统都会成为您的好帮手。

Nios Ⅱ-EP4CE40核心板是一款基于Intel FPGA公司Cyclone Ⅳ器件设计的嵌入式开发平台,它为开发人员提供以下硬件资源。

- 拥有39600个基本逻辑单元和1134kb片上RAM。
- Cyclone Ⅳ FPGA,型号为EP4CE40F29C6N。
- 64Mb的EPCS64配置芯片。
- 1MB SRAM,型号为IS61LV51216。
- 32MB SDRAM,型号为HY57V561620。
- 4MB NOR Flash ROM,型号为AM29LV320D。
- 64MB NAND Flash ROM,型号为K9F1208U。
- RS-232DB9串行接口。
- USB2.0Host与Device接口,USB芯片型号为CH376S。
- RJ45网卡接口,其中网卡芯片为W5500。
- 音频接口,其中音频接口芯片为TLV320AIC23。
- 4个用户自定义按键。
- 4个用户自定义LED。
- 1个8段码LED。
- 标准AS编程接口和JTAG调试接口。
- 50MHz高精度时钟源。
- 2个高密度扩展接口(可与配套实验箱连接)。
- 2个标准2.54mm扩展接口,供用户自由扩展。

- 支持+5V直接输入。

除了上述核心板资源，EDA/SOPC实验开发平台系统板提供了非常丰富的硬件资源供学生或开发人员学习。硬件资源包括接口通信、控制、存储、数据转换以及人机交互显示等几大模块；接口通信模块包括SPI接口、I^2C接口、视频接口、RS232接口、网卡接口、USB接口、PS2键盘鼠标接口、1-Wire接口等；控制模块包括直流电动机、步进电动机等；存储模块包括CF卡、SD卡等；数据转换模块包括串行ADC、DAC，高速并行ADC、DAC以及数字温度传感器等；人机交互显示模块包括8个轻触按键、16个拨挡开关、4×4键盘阵列、800×480TFT LCD、8位动态7段数码管、16×16双色点阵以及交通灯等；另外，片上还提供了一个简易模拟信号源和多路数字时钟模块。

EDA/SOPC实验开发平台系统板提供的资源具体为

- 800×480超大图形点阵电容触摸屏。
- RTC模块，利用DS1302芯片提供系统实时时钟。
- 1个直流电动机和测速传感器模块。
- 1个步进电动机模块。
- 1个65536色VGA接口。
- 1路视频输入和视频输出接口。
- 1个标准串行接口。
- 1个以太网卡接口，利用ENC28J60芯片进行数据包的收发。
- 1个USB设备接口，利用CH376芯片实现USB协议转换。
- SD卡接口，可以用来接SD卡或MMC卡。
- 基于SPI接口的音频模块，使用VS1053芯片实现语音录放。
- 2个PS2接口，可接PS2键盘或者鼠标。
- 1个交通灯模块。
- 串行ADC和串行DAC，其中ADC为ADS7822，DAC为DAC7513。
- 高速并行8位ADC和DAC，其中ADC为TLC5540，DAC为TLC5602。
- IIC接口的EEPROM，AT24C02。
- 基于1-Wire接口的数字温度传感器DS18B20。
- 扩展接口，供用户自由扩展。
- 1个数字时钟源，提供24MHz、12MHz、6MHz、1MHz、100kHz、10kHz、1kHz、100Hz、10Hz和1Hz等多个时钟。
- 1个模拟信号源，提供频率在80Hz～8kHz、幅度在0～3.3V可调的正弦波、方波、三角波和锯齿波。
- 1个16×16双色点阵LED显示模块。
- 1个4×4矩阵键盘。
- 8位动态8段数码管LED显示。
- 16个用户自定义LED显示。
- 16个用户自定义开关输出。
- 8个用户自定义按键输出。

第2章

系统模块介绍

2.1 核心板各模块介绍

本章对核心板上的各个模块及其硬件连接进行详细说明。

2.1.1 FPGA

FPGA是在PAL、GAL、CPLD等可编程器件的基础上进一步发展的产物，是作为专用集成电路(ASIC)领域中的一种半定制电路而出现的，既解决了定制电路的不足，又克服了原有可编程器件门电路数量有限的缺点。

继Intel FPGA公司成功推出第一代Cyclone FPGA后，Cyclone一词便深深烙在广大硬件工程师心中，一时间成为低功耗、低价位以及高性能的象征。接下来几年，Intel FPGA陆续发布了第二代、第三代、第四代Cyclone FPGA，与第一代相比，后几代的FPGA芯片加入了硬件乘法器，内部存储单元数量也得到进一步提升，性能大大提高，本开发平台上的FPGA是EP4CE40F29C6N，它是Intel FPGA Cyclone Ⅳ系列中的一员，采用780引脚的BGA封装，表2-1-1列出了该款FPGA的内部资源特性。

表2-1-1 EP4CE40F29C6N的内部资源特性

LEs：Logic Elements逻辑单元	39600	LEs：Logic Elements逻辑单元	39600
所有RAM	1134kb	PLLs：锁相环	4
18×18硬件乘法器	116	用户可用I/O	533

EP4CE40F29C6N引脚名称通过行列合在一起表示，其中行用英文字母表示，列用数字表示，通过行列的组合确定是哪一个引脚。如A2表示A行2列的引脚，AF3表示AF行3列的引脚。

实验箱上提供了两种途径配置FPGA。

(1) 使用Quartus Ⅱ软件，配合下载电缆从JTAG接口下载FPGA所需的配置数据，完成对FPGA的配置。这种方式主要用来调试FPGA或Nios Ⅱ CPU，多在产品开发初期使用。

(2) 使用Quartus Ⅱ软件，配合下载电缆，通过AS接口对FPGA配置器件进行编程，在实验箱下次通电的时候，完成对FPGA的自动配置。这种模式主要用于产品定型后对 FPGA 代码进行固化，以使产品独立工作。

2.1.2 SRAM

静态随机存取存储器(Static Random-Access Memory，SRAM)是随机存取存储器的一种。所谓的“静态”，是指这种存储器只要保持通电，里面储存的数据就可以恒常保持。相对之下，动态随机存取存储器(DRAM)里储存的数据就需要周期性地更新。当电力供应停止时，SRAM 储存的数据会消失(被称为 volatile memory)，该特征与在断电后还能储存资料的 ROM 或闪存是不同的。

IS61LV51216 是一个 8MB 容量，结构为 512k × 16 位字长的高速率 SRAM。IS61LV51216 采用 ISSI 公司的高性能 CMOS 工艺制造而成，其高度可靠的工艺水准与创新的电路设计技术，使其兼具高性能、低功耗等突出优点。

使用 IS61LV51216 的低触发片选引脚(CE)和输出使能引脚($\overline{OE}$)，可以轻松实现存储器扩展，当$\overline{CE}$处于高电平(未选中)时，IS61LV51216 进入待机模式。在此模式下，功耗可降低至 CMOS 输入标准。低触发写入使能引脚($\overline{WE}$)将完全控制存储器的写入和读取。同一个字节允许高位($\overline{UB}$)存取和低位($\overline{LB}$)存取。

SRAM 与 FPGA I/O 连接对应表见表 2-1-2。

表 2-1-2 SRAM 与 FPGA I/O 连接对应表

SRAM 地址线	对应的 FPGA 引脚	SRAM 地址线	对应的 FPGA 引脚
A0	PIN_W21	A16	PIN_R27
A1	PIN_W22	A17	PIN_P21
A2	PIN_W25	A18	PIN_AB26
A3	PIN_W26	**SRAM 数据线**	**对应的 FPGA 引脚**
A4	PIN_W27	D0	PIN_V21
A5	PIN_U23	D1	PIN_V22
A6	PIN_U24	D2	PIN_V23
A7	PIN_U25	D3	PIN_V24
A8	PIN_U26	D4	PIN_V25
A9	PIN_U27	D5	PIN_V26
A10	PIN_AC26	D6	PIN_V27
A11	PIN_AC27	D7	PIN_V28
A12	PIN_AC28	D8	PIN_AB27
A13	PIN_AB24	D9	PIN_AB28
A14	PIN_AB25	D10	PIN_AA24
A15	PIN_W20	D11	PIN_AA25

续表

SRAM 数据线	对应的 FPGA 引脚	SRAM 数据线	对应的 FPGA 引脚
D12	PIN_AA26	WE	PIN_U22
D13	PIN_AA22	OE	PIN_Y26
D14	PIN_Y22	UB	PIN_Y25
D15	PIN_Y23	LB	PIN_Y24
CE	PIN_W28		

2.1.3 SDRAM

同步动态随机存储器(Synchronous Dynamic Random Access Memory,SDRAM)中的同步是指内存工作需要同步时钟,内部命令的发送与数据的传输都以该同步时钟为基准;动态是指存储阵列需要通过不断地刷新保证数据不丢失;随机是指数据不是线性依次存储,而是自由指定地址进行数据读写。

SHY57V561620 是一个容量为 32MB,拥有 4 个 Bank,地址结构为 13 位行地址×9 位列地址,刷新周期为 7.8μs(8192 次/64ms)的高速 SDRAM。SDRAM 与 FPGA I/O 连接对应表见表 2-1-3。

表 2-1-3 SDRAM 与 FPGA I/O 连接对应表

SDRAM 地址线	对应的 FPGA 引脚	SDRAM 数据线	对应的 FPGA 引脚
A0	PIN_J5	D1	PIN_G1
A1	PIN_J6	D2	PIN_G3
A2	PIN_J7	D3	PIN_G4
A3	PIN_K1	D4	PIN_G5
A4	PIN_C6	D5	PIN_G6
A5	PIN_C5	D6	PIN_G7
A6	PIN_C4	D7	PIN_G8
A7	PIN_C3	D8	PIN_E5
A8	PIN_C2	D9	PIN_E4
A9	PIN_D7	D10	PIN_E3
A10	PIN_J4	D11	PIN_E1
A11	PIN_D6	D12	PIN_F5
A12	PIN_D2	D13	PIN_F3
SDRAM 数据线	**对应的 FPGA 引脚**	D14	PIN_F2
D0	PIN_G2	D15	PIN_F1

续表

SDRAM 控制线	对应的 FPGA 引脚	SDRAM 控制线	对应的 FPGA 引脚
BA0	PIN_H8	CS	PIN_H7
BA1	PIN_J3	RAS	PIN_H6
DQM0	PIN_H3	CAS	PIN_H5
DQM1	PIN_D1	WE	PIN_H4
CKE	PIN_D4	CLK	PIN_D5

2.1.4 Nor Flash

Nor Flash 是一种非易失闪存技术，其特点是芯片内执行(eXecute In Place，XIP)，可使应用程序直接在 Flash 闪存内运行，无须把代码读到系统 RAM 中。NOR 的传输效率很高，在 1～4MB 的小容量时具有很高的成本效益，但较低的写入和擦除速度会较影响其性能。

核心板上提供了 1 片容量为 4MB 的 Nor Flash 存储器 AM29LV320D。该芯片支持 3.0～3.6V 单电压供电情况下的读、写、擦除以及编程操作，访问时间可以达到 90ns。该芯片在高达 125℃ 条件下，依然可以保证存储数据 20 年不丢失。Nor Flash 与 FPGA I/O 连接对应表见表 2-1-4。

表 2-1-4　Nor Flash 与 FPGA I/O 连接对应表

Nor Flash 地址线	对应的 FPGA 引脚	Nor Flash 地址线	对应的 FPGA 引脚
ALSB	PIN_Y12	A13	PIN_V3
A0	PIN_AB5	A14	PIN_V2
A1	PIN_Y7	A15	PIN_V1
A2	PIN_Y6	A16	PIN_Y10
A3	PIN_Y5	A17	PIN_W8
A4	PIN_Y4	A18	PIN_W4
A5	PIN_Y3	A19	PIN_W1
A6	PIN_W10	A20	PIN_W2
A7	PIN_W9	**Nor Flash 数据线**	**对应的 FPGA 引脚**
A8	PIN_V8	DB0	PIN_AB2
A9	PIN_V7	DB1	PIN_AB1
A10	PIN_V6	DB2	PIN_AA8
A11	PIN_V5	DB3	PIN_AA7
A12	PIN_V4	DB4	PIN_AA6

续表

Nor Flash 数据线	对应的 FPGA 引脚	Nor Flash 控制线	对应的 FPGA 引脚
DB5	PIN_AA5	CE	PIN_AB4
DB6	PIN_AA4	OE	PIN_AB3
DB7	PIN_AA3	WE	PIN_W3

2.1.5 Nand Flash

为了满足在嵌入式 RTOS 中有足够的空间创建文件系统或满足开发人员存储海量数据的需求，实验箱上除了提供 4MB NOR Flash 外，还有一片具有 64MB 容量的 Nand Flash——K9F1208U。该芯片由 4096Blocks×32Pages×528B 组成，支持块擦除、页编程、页读取、随机读取、智能复制备份、4 页/块同时擦除和 4 页/块同时编程等操作。Nand Flash 与 FPGA I/O 连接对应表见表 2-1-5。

表 2-1-5　Nand Flash 与 FPGA I/O 连接对应表

Nand Flash 数据线	对应的 FPGA 引脚	Nand Flash 控制线	对应的 FPGA 引脚
DB0	PIN_AH19	RDY	PIN_AB19
DB1	PIN_AB20	OE	PIN_AC19
DB2	PIN_AE20	CE	PIN_AE19
DB3	PIN_AF20	CLE	PIN_AF19
DB4	PIN_AA21	ALE	PIN_Y19
DB5	PIN_AB21	WE	PIN_AA19
DB6	PIN_AD21	WP	PIN_AG19
DB7	PIN_AE21		

2.1.6 RS232 模块

RS232 是个人计算机上的通信接口之一，是由电子工业协会(Electronic Industries Association，EIA)制定的异步传输标准接口。通常，RS-232 接口以 9 个引脚(DB9)或是 25 个引脚(DB25)的型态出现，个人计算机上通常包含两组 RS-232 接口，分别称为 COM1 和 COM2。

J8 是一个标准的 DB9 孔连接头，通常用于 FPGA 和计算机以及其他设备间通过 RS-232 协议的简单通信。U7 是一个电平转换芯片-MAX3232，负责把发送的 LVCMOS 信号转换成 RS-232 电平，同时把接收到的 RS-232 电平转换成 LVCMOS 信号。

在目前的设计开发中，RS-232 通信仅是为了进行系统调试或简单的人机交互，因此在设计时，仅在 DB9 孔接口中保留了通信时必需的 RXD 和 TXD 信号。RS232 与 FPGA

I/O 连接对应表见表 2-1-6。

表 2-1-6 RS232 与 FPGA I/O 连接对应表

RS232 通信引脚	对应的 FPGA 引脚
RXD	PIN_A10
TXD	PIN_A11

注：TXD 和 RXD 在 J8 中已经交换，如果与计算机通信，仅需要一条串口延长线或者 USB 转串口线便可，无须交叉。

2.1.7 USB 2.0 模块

通用串行总线(Universal Serial Bus，USB)是一种应用在计算机领域的新型接口技术。USB 接口具有传输速度快，支持热插拔以及连接多个设备的特点，目前已在各类外部设备中广泛使用。

为了更好地满足开发人员二次开发的需求，实验箱上设计了 USB 2.0 设备接口，接口采用 USB-B 型连接座，板上采用 USB 2.0 设备接口控制芯片 CH376 完成 USB 2.0 通信中的时序转换和数据包处理。CH376 是文件管理控制芯片，用于单片机系统读写 U 盘或 SD 卡中的文件。

CH376 支持 USB 设备方式和 USB 主机方式，内置了 USB 通信协议的基本固件、处理 Mass-Storage 海量存储设备的专用通信协议的固件、SD 卡通信接口固件、FAT16 和 FAT32 以及 FAT12 文件系统管理固件，支持常用的 USB 存储设备(包括 U 盘/USB 硬盘/USB 闪存盘/USB 读卡器)和 SD 卡(包括标准容量 SD 卡和高容量 HC-SD 卡以及协议兼容的 MMC 卡和 TF 卡)。CH376 支持 3 种通信接口：8 位并口、SPI 接口以及异步串口，单片机/DSP/MCU/MPU 等控制器可以通过上述任何一种通信接口控制 CH376 芯片，存取 U 盘或 SD 卡中的文件或者与计算机通信。CH376 与 FPGA I/O 连接对应表见表 2-1-7。

表 2-1-7 CH376 与 FPGA I/O 连接对应表

USB 接口引脚	对应的 FPGA 引脚	USB 接口引脚	对应的 FPGA 引脚
D0	PIN_R24	D6	PIN_T21
D1	PIN_R23	D7	PIN_U28
D2	PIN_R22	A0	PIN_R28
D3	PIN_T26	WR	PIN_R26
D4	PIN_T25	RD	PIN_N21
D5	PIN_T22	nINT	PIN_R25

2.1.8 以太网模块

以太网模块可实现对以太网上传输信号的调试和解调，将其转为可交给 CPU 识别和处理的有效数据。

在嵌入式系统设计应用中，以太网接口必不可少，尤其是在 μClinux 或 Linux 等系统中，以太网接口更是必备接口之一。核心板上提供的以太网接口采用 W5500 芯片完成数据包的处理任务。

W5500 芯片是一种采用全硬件 TCP/IP 协议栈的嵌入式以太网控制器，其能使嵌入式系统通过串行外设接口(Serial Peripheral Interface，SPI)轻松地连接到网络。W5500 具有完整的 TCP/IP 协议栈和 10/100Mb/s 以太网网络层(MAC)和物理层(PHY)，因此 W5500 特别适用于需要使用单片机实现互联网功能的客户。W5500 与 FPGA I/O 连接对应表见表 2-1-8。

表 2-1-8　W5500 与 FPGA I/O 连接对应表

Ethernet/W5500 引脚	对应的 FPGA 引脚	Ethernet/W5500 引脚	对应的 FPGA 引脚
RST	PIN_A25	MISO	PIN_B23
INT	PIN_D24	SCLK	PIN_D23
MOSI	PIN_C24	SCS	PIN_C23

2.1.9 音频模块

核心板上提供了一个标准的音频编解码器(支持视频和音频压缩 CO 与解压缩 DEC 的编解码器或软件，CODEC)模块，采用 TI 的高性能音频 CODEC 专用芯片 TLV320AIC23B。该芯片是一个非常出色的立体声音频 CODEC 芯片，内部集成了全部模拟功能，能够提供 16、20、24 和 32 位数据的 ADC 和 DAC 转换，以及 8～96kHz 的采样速率。TLV320AIC23B 有两个接口与 CPU 相连，其中一个为控制接口，可以工作在 SPI 模式，也可以工作在 IIC 模式(注意：实验箱上已经固定为 SPI 模式)，该接口主要负责初始化和配置芯片；另一个接口是数字音频接口，可以工作在左对齐模式、右对齐模式、IIS 模式以及 DSP 模式，该接口主要用于发送和接收需要转换或被转换的音频数据。TLV320AIC23B 与 FPGA I/O 连接对应表见表 2-1-9。

表 2-1-9　TLV320AIC23B 与 FPGA I/O 连接对应表

音频/TLV320AIC23	对应的 FPGA 引脚	音频/TLV320AIC23	对应的 FPGA 引脚
SDIN	PIN_C25	BCLK	PIN_D26
SDOUT	PIN_A26	DIN	PIN_C26
SCLK	PIN_D25	LRCIN	PIN_B26
SCS	PIN_B25		

实验箱上提供了 4 个外接插孔，分别为 MIC 输入、音频线输入、耳机输出以及音频线输出插孔。

2.1.10 JTAG 与 AS 调试接口

FPGA 器件有 3 类配置下载方式：主动配置方式(AS)、被动配置方式(PS)和 JTAG(Joint Test Action Group，联合测试工作组)接口的配置方式。其中，JTAG 调试接口使实验箱支持 JTAG 调试模式。JTAG 是一种国际标准测试协议(IEEE 1149.1 兼容)，主要应用于电路的边界扫描测试和可编程芯片的在线系统编程。DSP、FPGA 器件等多数的高级器件都支持 JTAG 协议。标准的 JTAG 接口是 4 线：TMS、TCK、TDI、TDO，分别为模式选择、时钟、数据输入线和数据输出线。

在使用 JTAG 模式的 FPGA 调试过程中，JTAG 的基本原理是在器件内部定义一个测试访问口(Test Access Port，TAP)，通过专用的 JTAG 测试工具对内部节点进行测试。JTAG 测试允许多个器件通过 JTAG 接口串联在一起，形成一个 JTAG 链，能实现对各个器件分别测试。目前，JTAG 接口还常用于实现在系统编程(In-System Programmer，ISP)，对 Flash 等器件进行编程。JTAG 编程方式是在线编程，传统生产流程中先对芯片进行预编程，然后再装到板上，简化的流程为先固定器件到电路板上，再用 JTAG 编程，从而大大加快工程进度。JTAG 接口可对 DSP 芯片内部的所有部件进行编程。JTAG 必不可少，在 FPGA 开发过程中，开发人员可通过其下载配置数据到 FPGA 中；在 Nios Ⅱ开发过程中，通过 JTAG 接口，开发人员不仅可以对 Nios Ⅱ系统进行在线仿真调试，还可以下载代码或用户数据到 Flash 中。

AS 调试接口使实验箱支持 AS 模式。在 AS 模式下，FPGA 器件每次上电时作为控制器，引导配置操作过程。FPGA 器件控制外部存储器和初始化过程，并从配置器件 EPCS 主动发出读取数据信号，从而把 EPCS 的数据读入 FPGA 中，实现对 FPGA 的编程配置数据通过 DATA0 引脚送入 FPGA。在这一过程中，配置数据被同步在 DCLK 输入上，1 个时钟周期传送 1 位数据。AS 是 FPGA 重要的配置方式，由 FPGA 器件引导配置操作过程，它控制着外部存储器和初始化过程。AS 接口主要用于对板上的固化程序配置芯片进行编程。

2.1.11 LED、按键与数码管模块

核心板上提供了 4 个用户自定义的发光二极管(Light Emitting Diode，LED)模块，用于程序状态指示或点亮、闪烁和流水灯等初级实验。LED 与 FPGA I/O 连接对应表见表 2-1-10。

表 2-1-10 LED 与 FPGA I/O 连接对应表

LED	对应的 FPGA 引脚	LED	对应的 FPGA 引脚
LED1	PIN_AF12	LED3	PIN_AH12
LED2	PIN_Y13	LED4	PIN_AG12

核心板上提供了4个独立按键，FPGA可通过检测其输出的高低电平判断按键的状态，输出低电平时按键处于按下状态，输出高电平时按键处于松开状态，该功能可用于按键检测、外部中断等初级实验。独立按键与FPGA I/O连接对应表见表2-1-11。

表2-1-11　独立按键与FPGA I/O连接对应表

KEY	对应的FPGA引脚	KEY	对应的FPGA引脚
K1	PIN_AB12	K3	PIN_AD12
K2	PIN_AC12	K4	PIN_AE12

核心板上提供了一位8段数码管，用于计数和状态指示。8段数码管与FPGA I/O连接对应表见表2-1-12。

表2-1-12　8段数码管与FPGA I/O连接对应表

SEG	对应的FPGA引脚	SEG	对应的FPGA引脚
SEG_A	PIN_AA12	SEG_E	PIN_AD11
SEG_B	PIN_AH11	SEG_F	PIN_AB11
SEG_C	PIN_AG11	SEG_G	PIN_AC11
SEG_D	PIN_AE11	SEG_DP	PIN_AF11

2.1.12 扩展接口模块

核心板上提供的资源模块占用了部分FPGA引脚，另外有282个I/O通过接插件连接到实验箱底板使用。此外，还有32个I/O供用户自定义使用。扩展接口与FPGA I/O连接对应表见表2-1-13。

表2-1-13　扩展接口与FPGA I/O连接对应表

扩展接口JP1	引脚定义	扩展接口JP1	引脚定义
JP1-1	VCC5	JP1-11	PIN_AH4
JP1-2	VCC5	JP1-12	PIN_AE5
JP1-3	GND	JP1-13	PIN_AF4
JP1-4	GND	JP1-14	PIN_AG4
JP1-5	PIN_AH6	JP1-15	PIN_AH3
JP1-6	PIN_AE7	JP2-16	PIN_AE4
JP1-7	PIN_AF6	JP1-17	PIN_AF3
JP1-8	PIN_AG6	JP1-18	PIN_AG3
JP1-9	PIN_AF5	JP1-19	PIN_AF2
JP1-10	PIN_AE6	JP1-20	PIN_AE3

续表

扩展接口 JP2	引脚定义	扩展接口 JP2	引脚定义
JP2-1	VCC3.3	JP2-11	PIN_AF9
JP2-2	VCC3.3	JP2-12	PIN_AB9
JP2-3	GND	JP2-13	PIN_AH8
JP2-4	GND	JP2-14	PIN_AE9
JP2-5	PIN_AG10	JP2-15	PIN_AF8
JP2-6	PIN_AH10	JP2-16	PIN_AG8
JP2-7	PIN_AE10	JP2-17	PIN_AH7
JP2-8	PIN_AF10	JP2-18	PIN_AE8
JP2-9	PIN_AA10	JP2-19	PIN_AF7
JP2-10	PIN_AD10	JP2-20	PIN_AG7

2.2 实验箱各模块介绍

本节将对实验箱底板上的各个模块作简要说明。

2.2.1 800×480 点阵 LCD 液晶电容屏

液晶显示器(Liquid Crystal Display,LCD)是在两片平行的玻璃基板中放置液晶盒,在下基板玻璃上设置薄膜场效应晶体管(Thin Film Transistor,TFT),在上基板玻璃上设置彩色滤光片,通过 TFT 上的信号与电压改变控制液晶分子的转动方向,从而达到通过控制每个像素点偏振光出射与否进行显示的目的。LCD 技术具有低成本、高解析度、强对比度、高亮度、宽可视角度、长寿命、无电磁辐射等特点。目前,LCD 的价格降低,LCD 替代 CRT 已经成为主流。

电容式触摸屏技术是利用人体的电流感应进行工作的。电容式触摸屏是一块 4 层复合玻璃屏,玻璃屏的内表面和夹层各涂有一层 ITO,最外层是一薄层矽土玻璃保护层,夹层 ITO 涂层作为工作面,4 个角上引出 4 个电极,内层 ITO 为屏蔽层,以保证良好的工作环境。当手指触摸在金属层上时,由于人体电场,用户和触摸屏表面形成一个耦合电容,对于高频电流来说,电容是直接导体,于是手指从接触点吸走一个很小的电流。此电流分别从触摸屏的 4 个角上的电极中流出,流经这 4 个电极的电流与手指到 4 个角的距离成正比,控制器通过对这 4 个电流比例的精确计算,得出触摸点的位置。

实验箱上采用了 800×480 图形点阵彩色电容式液晶触摸屏,配合自主研发的液晶控制器,可以在上面显示汉字、图形、波形曲线等,最高支持 5 点触摸。

2.2.2 RTC 系统实时时钟

实时时钟(Real-Time Clock,RTC)是日常生活中应用最广泛的消费类电子产品之一,可为人们提供精确的实时时间,并为电子系统提供精确的时间基准。目前,实时时钟芯片大多采用精度较高的晶体振荡器作为时钟源。有些时钟芯片为了实现在主电源掉电时继续工作,需要外加电池供电。

在本实验箱中,数字时钟源提供了24MHz、12MHz、6MHz、1MHz、100kHz、10kHz、1kHz、100Hz、10Hz和1Hz等多个时钟。实验箱上的RTC芯片为DS1302。DS1302是DALLAS公司推出的涓流充电时钟芯片,内含一个实时时钟/日历和31B静态RAM,通过简单的串行接口与CPU进行通信。实时时钟/日历电路提供秒、分、时、日、月、年的信息,每月的天数和闰年的天数可自动调整,时钟操作可通过AM/PM指示决定采用24小时或12小时格式。DS1302与CPU之间能简单地采用同步串行的方式进行通信,接口连接简单,占用端口资源很少,操作便捷。

2.2.3 电机模块

直流电机(direct current machine)是指能将直流电能转换成机械能(直流电动机)或将机械能转换成直流电能(直流发电机)的旋转电机,能实现直流电能和机械能互相转换。当其作为电动机运行时是直流电动机,将电能转换为机械能;当其为发电机运行时是直流发电机,将机械能转换为电能。实验箱上的直流电机可以通过电位器调速,采用+12V供电,也可以通过CPU的脉冲宽度调制(Pulse Width Modulation,PWM)输出进行调速。直流电机模块同时配有霍尔传感器(利用霍尔效应制作的一种通过检测受测对象本身的磁场或磁特性,将许多非电、非磁的物理量转化成电量进行检测和控制的磁场传感器),可以进行电机转速的测量。

步进电机(stepping motor)是将电脉冲信号转变为角位移或线位移的开环控制电机,是现代数字程序控制系统中的主要执行元件,应用极为广泛。在非超载的情况下,电机的转速、停止的位置只取决于脉冲信号的频率和脉冲数,不受负载变化的影响,当步进驱动器接收到一个脉冲信号,驱动步进电机按设定的方向转动一个固定的角度,称为"步距角",其旋转是以固定的角度一步一步运行的。可以通过控制脉冲个数控制角位移量,实现准确定位;同时可以通过控制脉冲频率控制电机转动的速度和加速度,实现调速。实验箱中的步进电机为4相式,最小旋转角度为18°。

2.2.4 VGA接口

视频图形阵列(Video Graphics Array,VGA)是IBM在1987年推出的一种视频传输标准,具有分辨率高、显示速率快、颜色丰富等优点,在彩色显示器领域得到了广泛的应用,不支持热插拔,不支持音频传输。VGA接口是支持VGA协议的D型接口,共有15针孔,分成3排,每排5个,其中包括2个NC(Not Connect)信号、3个显示数据总线、5个GND信号、3个RGB彩色分量信号和2个扫描同步信号HSYNC/VSYNC。VGA接口中的彩色分量采用RS343电平标准。RS343电平标准的峰值电压为1V。VGA接口是显卡上应用最为广泛的接口类型。

实验箱中采用了自主设计的电阻分压网络电路,实现高达65536色的VGA输出。

同时，通过配套的视频编解码芯片，可以对视频输出进行量化，并可利用专用数字视频合成芯片输出NTSC、PAL制式的视频。

2.2.5 标准串行接口

串行接口简称串口，也称串行通信接口（通常指COM接口），是采用串行通信方式的扩展接口。串行接口的数据一位一位地顺序传送，其特点是通信线路简单，只要一对传输线就可以实现双向通信（可以直接利用电话线作为传输线），从而大大降低了成本，特别适用于远距离通信，其缺点为传送速度较慢。实验箱可以通过此标准串行接口与标准PC串口直接相连。

2.2.6 以太网卡接口

Ethernet模块采用的TCP/IP转换芯片为ENC28J60。ENC28J60是带有行业标准串行外设接口（Serial Peripheral Interface，SPI）的独立以太网控制器。其可作为任何配备有SPI的控制器的以太网接口。ENC28J60符合IEEE 802.3的全部规范，采用了一系列包过滤机制，以对传入数据包进行限制，还提供了一个内部DMA模块，以实现快速数据吞吐和硬件支持的IP校验和计算。ENC28J60与主控制器的通信通过两个中断引脚和SPI实现，数据传输速率高达10Mb/s。其两个专用的引脚用于连接LED，进行网络活动状态指示。

2.2.7 USB设备与SD卡接口

实验箱中配备了CH376文件管理控制芯片，用于单片机系统读写U盘或SD卡中的文件。CH376支持USB设备方式和USB主机方式，并且内置了USB通信协议的基本固件、处理Mass-Storage海量存储设备的专用通信协议的固件、SD卡的通信接口固件与FAT16和FAT32以及FAT12文件系统的管理固件，支持常用的USB存储设备（包括U盘/USB硬盘/USB闪存盘/USB读卡器）和SD卡（包括标准容量SD卡和高容量HC-SD卡以及协议兼容的MMC卡和TF卡）。CH376支持3种通信接口：8位并口、SPI接口和异步串口，单片机/DSP/MCU/MPU等控制器可以通过上述任何一种通信接口控制CH376芯片，存取U盘或SD卡中的文件以及与计算机通信。

实验箱中配备的SD卡接口用于实现对SD卡的读取和写入。SD卡是安全数字卡（Secure Digital Card）的简称，是由日本松下公司、东芝公司和美国SanDisk公司共同开发研制的全新的存储卡产品。SD存储卡是一个完全开放的标准，多用于MP3、数码摄像机、数码相机、电子图书、AV器材等，尤其被广泛应用在手机、数码相机上。SD卡在外形上同MMC一致，尺寸比MMC略厚，容量也大很多，兼容MMC接口规范。

SD卡在各个数码设备上得到了广泛应用。读写SD卡通常有两种方式：一种方式是直接用系统所选CPU的SDC接口控制SD卡或用其I/O接口模拟SD卡的底层时序；另一种方式是直接采用现有的SD卡控制器芯片访问SD卡。在本实验箱中，SD卡的读写是通过I/O接口模拟SD卡的底层时序控制的。

2.2.8 串行与并行 ADC/DAC 接口

实验箱提供了基于 SPI 接口的 12 位高精度模数转换器(Analog-to-Digital Converter,ADC)和数模转换器(Digital-to-Analog Converter,DAC)。ADC 为 ADS7822,DAC 为 DAC7513。设计该模块的目的是为了让用户学习如何使用 SOPC Builder 中的 SPI IP 核,同时通过该实验,也可使用户加深对串行 ADC 核 DAC 工作原理的理解。

实验箱提供了 8 位高速并行 ADC 芯片,型号为 TLC5540,其最高转换速率可达到 40Msps,单+5V 供电,被广泛应用于数字电视、医疗图像、视频会议等需要高速数据转换的领域。实验箱提供的 8 位高速 DAC 为 TLC5602,单+5V 供电,其最高转换速率可以达到 33Msps,足以满足一般数据处理的应用需求。

2.2.9 基于 SPI 或 IIC 接口的音频模块

实验箱中配备的音频模块主要用于音频信号的编解码工作。实验箱中的音频模块采用的是目前应用广泛的 VS1053。VS1053 是继 VS1003 后荷兰 VLSI 公司生产的又一款高性能解码芯片。该芯片可以实现 MP3/OGG/WMA/FLAC/WAV/AAC/MIDI 等音频格式的解码,同时还支持 ADPCM/OGG 等格式的编码,性能相比 VS1003 有很大提升。VS1053 配有高性能的 DSP 处理器核 VS_DSP,16KB 的指令 RAM,0.5KB 的数据 RAM,通过 SPI 控制,具有 8 个可用的通用 I/O 口和一个串口,芯片内部还配有可变采样率的立体声 ADC、高性能立体声 DAC 及音频耳机放大器。

2.2.10 其他模块

本实验箱中的其他模块还包括 4×4 键盘阵列、IIC 接口的 EEPROM、8 位动态 8 段数码管显示、用户自定义 LED、用户自定义开关输入和用户自定义按键输入。通过上述模块,用户还可以完成人机交互实验。

第3章 chapter 3

基于FPGA工程的EDA设计入门

3.1 实验一：多路数据选择器的设计与仿真

3.1.1 实验目的

(1) 了解并学会FPGA开发设计的整体流程。

(2) 设计一个二选一多路数据选择器。

(3) 对设计的多路数据选择器进行功能仿真、时序仿真。

(4) 对完成设计与仿真的多路数据选择器进行板级验证。

3.1.2 实验平台

EDA/SOPC实验开发系统。EDA/SOPC实验开发系统是根据现代电子发展的方向，集EDA和SOPC系统开发为一体的综合性实验开发系统，除了满足高校专、本科生和研究生的SOPC教学实验开发之外，也是电子设计和电子项目开发的理想工具。整个开发系统由核心板、系统板和扩展板构成，可根据用户的不同需求配置成不同的开发系统。

在EDA/SOPC实验开发系统中包含有继承最小系统的核心板，只外接5V直流电源即可进行开发设计，主芯片可用Altera公司的Cyclone系列EP1C12、EP1C20、EP2C35等。不同的核心板上配置了满足不同开发需求的Flash、SRAM、高速时钟和配置芯片以及JTAG、AS调试接口、电源管理、专用扩展接口等。核心板扩展方式灵活，用户可以根据不同的项目扩展不同的外围接口。

3.2 建立工程文件夹

良好的文件夹设置以及工程管理是一个好的FPGA设计的基础，首先在新建的工程文件夹下面分别建立如图3-2-1所示的子文件夹。

其中，prj文件夹为工程文件的存放目录，rtl文件夹为Verilog HDL可综合代码的存放目录，testbench文件夹为测试文件的存放目录，img文件夹为设计相关图片的存放目录，doc文件夹为设计相关文档的存放目录，ip文件夹存放Quartus Ⅱ中生成的ip核文件。

doc	2017/1/24 11:20	文件夹
img	2017/1/24 11:21	文件夹
ip	2017/10/17 19:30	文件夹
prj	2017/10/12 21:58	文件夹
rtl	2017/10/12 21:16	文件夹
testbench	2017/1/24 11:21	文件夹

图 3-2-1 工程文件夹

3.3 建立工程

本节介绍建立工程的主要流程，打开工程建立界面，如图 3-3-1 所示。

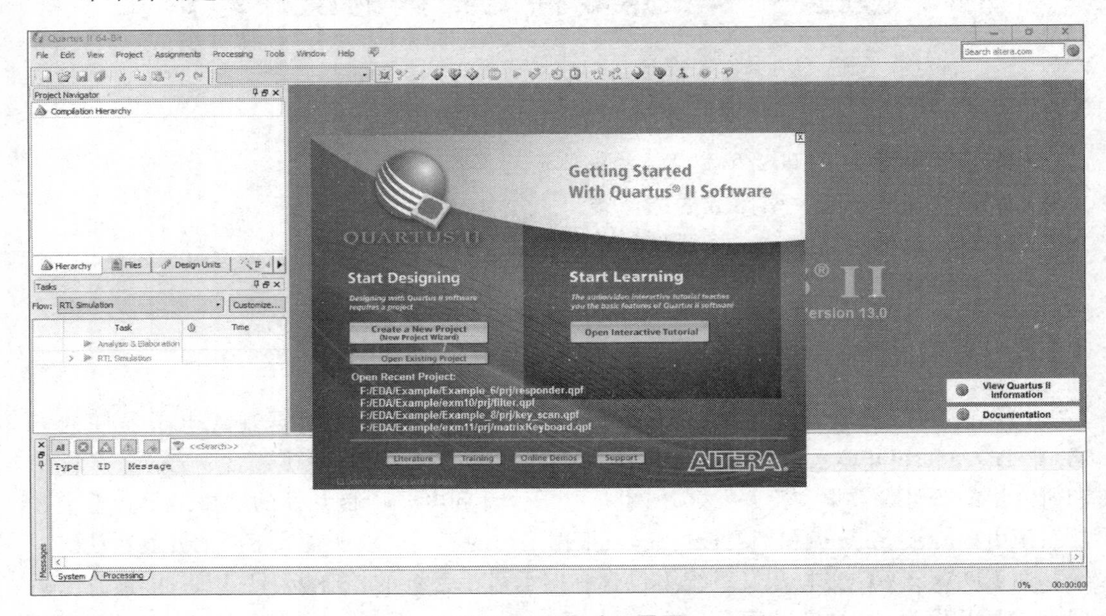

图 3-3-1 工程建立界面

第一步，单击 Create New Project 新建一个工程向导。在第一栏中选择工程所在路径，在第二栏中为工程命名，建议名称与顶层设计文件一致，第三栏为顶层设计入口，使用默认名称即可。工程向导界面如图 3-3-2 所示。

第二步，添加已有设计文件。若没有，则直接单击 Next 按钮，本次单击 Next 按钮。添加已有设计文件界面如图 3-3-3 所示。

第三步，选择器件。在此选择实验开发系统上 Cydone IV E 系列的 ep4ce40f29c6。在右面红色框内添加限定条件可以缩减需要翻看器件的范围。器件选型界面如图 3-3-4 所示。

第四步，EDA 工具的设定。可根据实际情况依次对综合工具、仿真工具、形式验证工具以及板级验证工具进行自行设定。这里将仿真工具设置为 ModelSim-Altera 或者 ModelSim，语言选择 Verilog HDL，界面如图 3-3-5 所示。

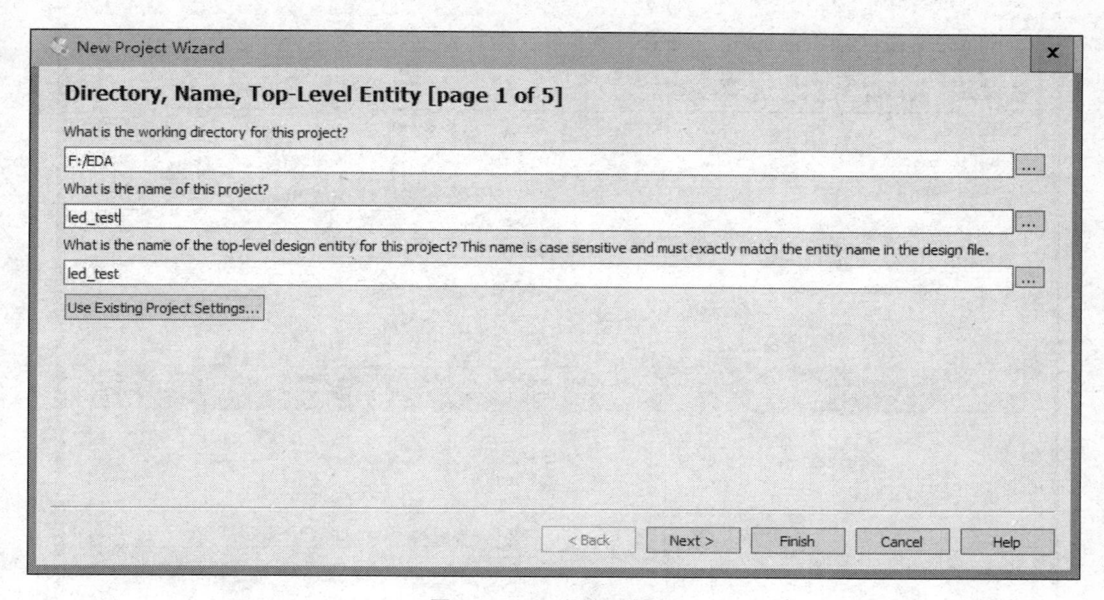

图 3-3-2 工程向导界面

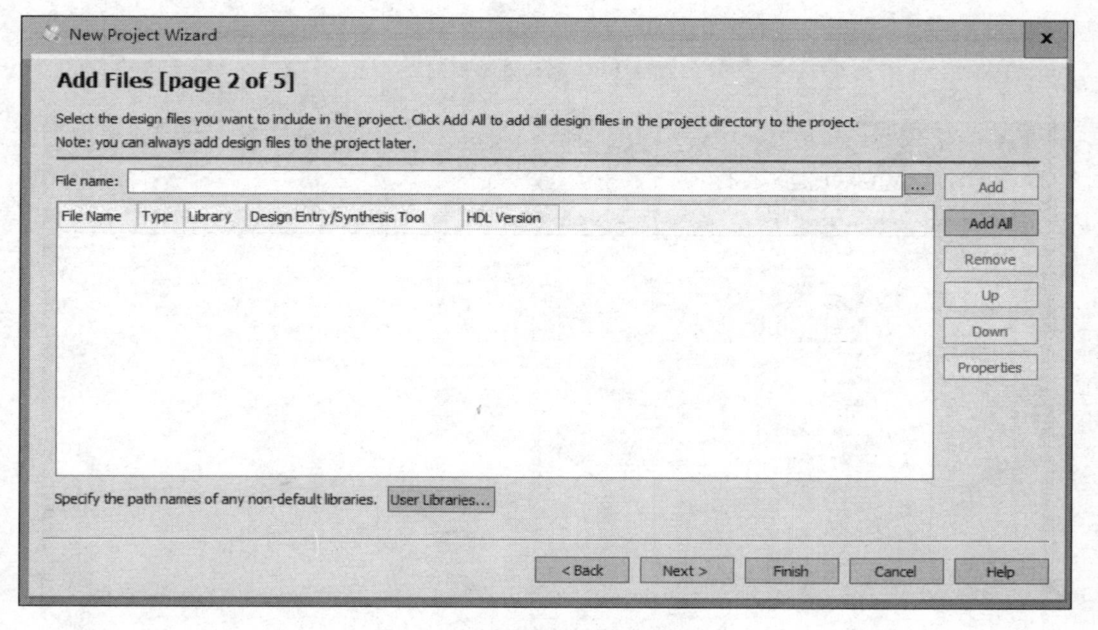

图 3-3-3 添加已有设计文件界面

New Project Wizard

Family & Device Settings [page 3 of 5]

Select the family and device you want to target for compilation.
You can install additional device support with the Install Devices command on the Tools menu.

Device family
Family: Cyclone IV E
Devices: All

Target device
Auto device selected by the Fitter
Specific device selected in 'Available devices' list
Other: n/a

Show in 'Available devices' list
Package: Any
Pin count: Any
Speed grade: Any
Name filter: ep4ce40f29c6
Show advanced devices HardCopy compatible only

Available devices:

Name	Core Voltage	LEs	User I/Os	Memory Bits	Embedded multiplier 9-bit elements	PLL	Glob
EP4CE40F29C6	1.2V	39600	533	1161216	232	4	20

Companion device
HardCopy:
Limit DSP & RAM to HardCopy device resources

< Back Next > Finish Cancel Help

图 3-3-4　器件选型界面

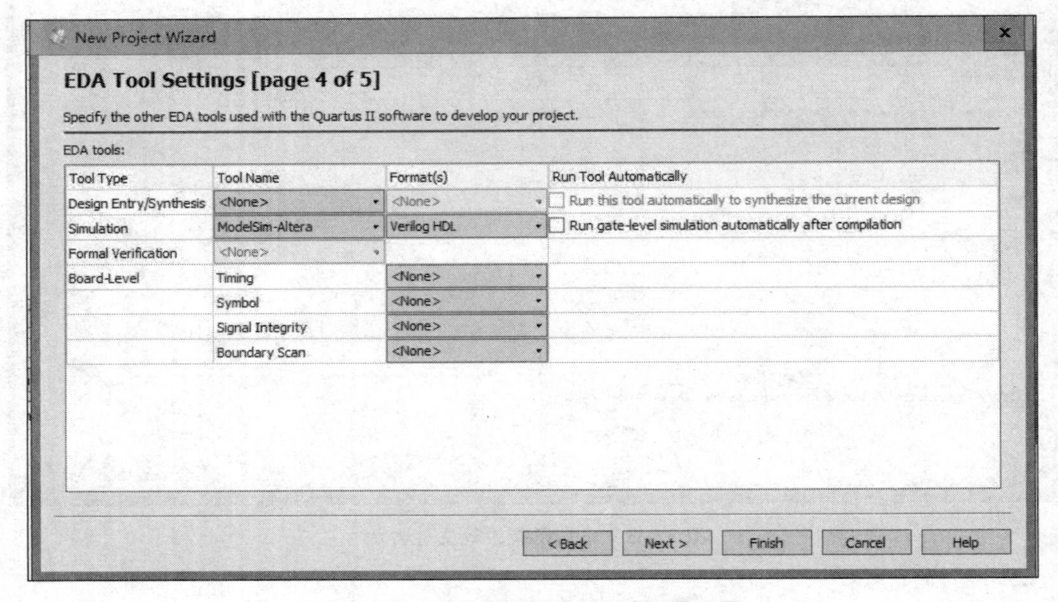

图 3-3-5　硬件描述语言及仿真工具设置

第五步，单击 Finish 按钮，此 FPGA 工程建立完成，如图 3-3-6 所示。

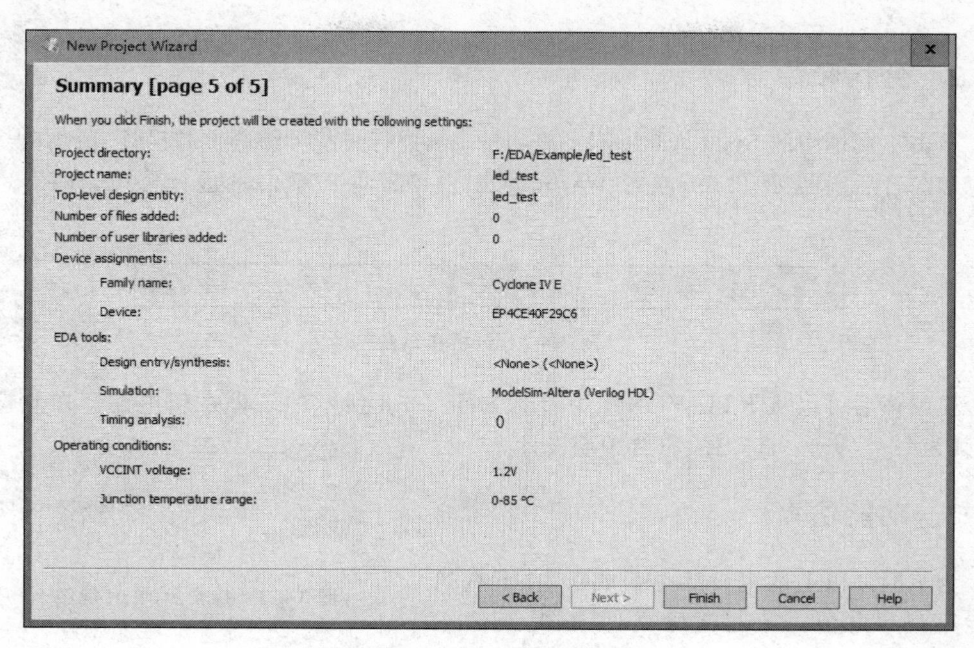

图 3-3-6 FPGA 工程建立完成

3.4 设计输入

3.4.1 建立 Verilog HDL 文件

工程建立完成后，需要为工程添加新的设计文件，单击 File→New→Verilog HDL File，或者单击工具栏中的 New，弹出如图 3-4-1 所示的选择框，在此选择 Design Files 中的 Verilog HDL File。

新的文件建立完成，输入以下设计，并以 basic_text. v 命名保存到工程所在的 rtl 文件下。

```
module led_test
(
input a,             //输入端口 A
input b,             //输入端口 B
input key_in,        //按键输入，实现输入通道的选择
output reg led_out   //led 控制端口
);
//当 key_in ==0: led_out =a
assign led_out = (key_in ==0)? a : b;
endmodule
```

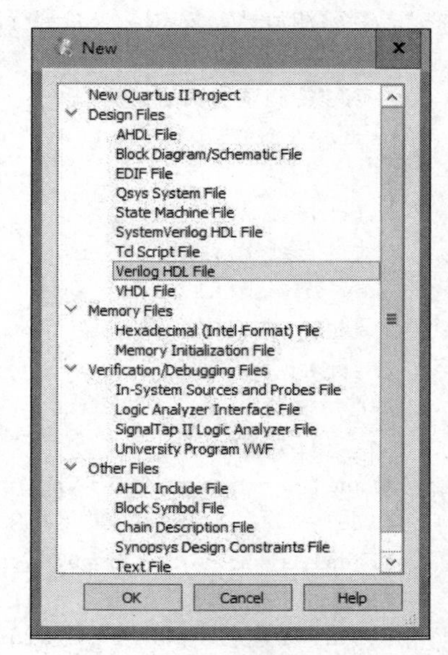

图 3-4-1 添加新设计文件

3.4.2 分析和综合

单击工具栏中的 Start Analysis & Synthesis 进行分析和综合。若设计过程有误,在分析和综合后会提示 Error 或者 Warning,用户可根据提示信息进行修改,如图 3-4-2 所示。

图 3-4-2 分析和综合

全编译后可以从 RTL Viewer 中看到如图 3-4-3 所示的硬件逻辑电路。在此设计中,其为一个二选一选择器,符合预期设计。

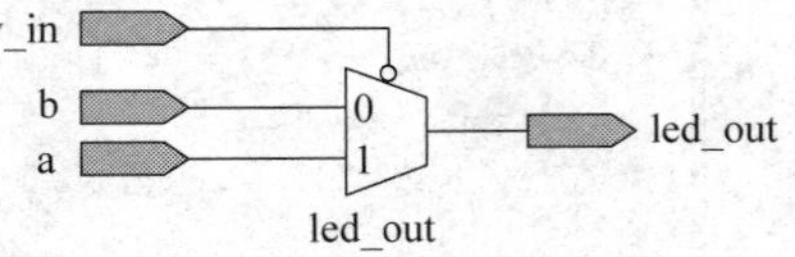

图 3-4-3 综合后的 rtl 视图

3.4.3 功能仿真

为了验证以上逻辑设计是否成功,在下载到实验箱观察之前需编写激励文件,在此新建一个.v 文件输入以下内容,以 led_test_tb.v 命名保存到工程对应的 Test Bench 文件夹下,并再次进行分析和综合,查看是否存在语法设计错误。

```
'timescale 1ns/1ps
module led_test_tb;
//激励信号定义,对应连接到待测试模块的输入端口
reg signal_a;
reg signal_b;
reg signal_c;
//待检测信号定义,对应连接到待测试模块的输出端口
    wire led;
//创建待测试模块的实例
basic_test led_test0
(
.a(signal_a),
.b(signal_b),
.key_in(signal_c),
.led_out(led)
);
//产生激励
initial begin
signal_a =0;signal_b =0;signal_c =0;
#100;                              //延时 100ns
signal_a =0;signal_b =0;signal_c =1;
#100;
signal_a =0;signal_b =1;signal_c =0;
#100;
```

```
signal_a =0;signal_b =1;signal_c =1;
#100;
signal_a =1;signal_b =0;signal_c =0;
#100;
signal_a =1;signal_b =0;signal_c =1;
#100;
signal_a =1;signal_b =1;signal_c =0;
#100;
signal_a =1;signal_b =1;signal_c =1;
#200;
$ stop;
end
endmodule
```

3.4.4 设置仿真脚本

单击标题栏中的 Assignments→Settings→Simulation，查看仿真工具及语言是否与预设一致，否则进行相应修改。在 Tool name 栏中选中 ModelSim-Altera，在 Format for output netlist 中选中 Verilog HDL，在 NativeLink settings 栏中选中 Compile test bench 并单击 Test Benches 按钮，最后单击 OK 按钮，如图 3-4-4 所示界面。

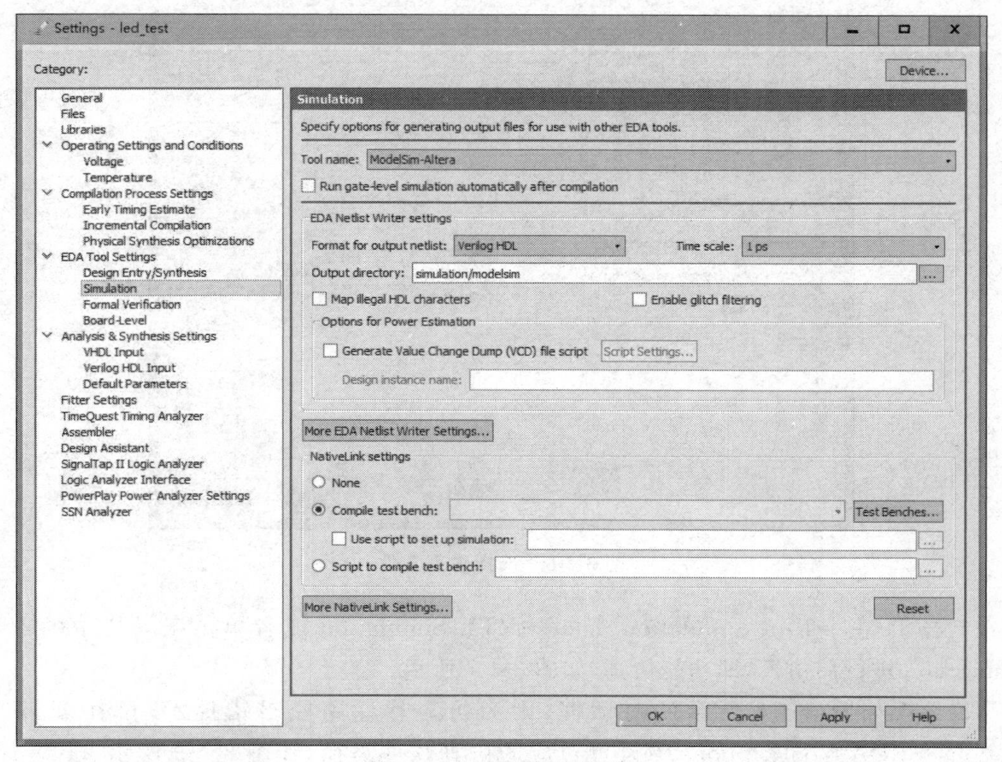

图 3-4-4 仿真工具设置

在如图 3-4-5 所示的 Test Benches 中单击 New 按钮会弹出如图 3-4-6 所示的 Test Bench 设置文件对话框，找到已经编写好的激励文件，单击 Add 按钮，在 Test bench name 中填写对应的激励名称，单击 OK 按钮后回到主界面。

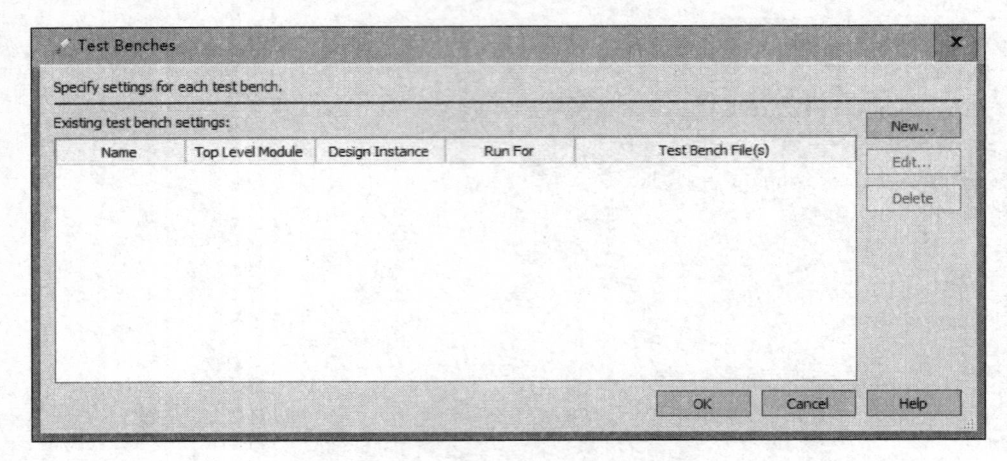

图 3-4-5　添加新的仿真文件

New Test Bench Settings
Create new test bench settings.
Test bench name: led_test_tb
Top level module in test bench: led_test_tb
Use test bench to perform VHDL timing simulation
Design instance name in test bench: NA
Simulation period
Run simulation until all vector stimuli are used
End simulation at: s
Test bench and simulation files
File name: ../example0/testbench/led_test_tb.v
Add
File Name
Library
HDL Version
Remove
Up
Down
Properties...
OK
Cancel
Help

图 3-4-6　选择仿真文件

单击 Tools→Run Simulation Tool→RTL Simulation 或者单击工具栏中的 RTL Simulation 进行前仿真，即功能仿真，如图 3-4-7 所示。

若出现如图 3-4-8 所示的对话框，则为仿真软件路径报错提示，可在 Tools→Options→EDA Tool Options 中设置对应的仿真软件路径，如图 3-4-9 所示。

图 3-4-7 功能仿真

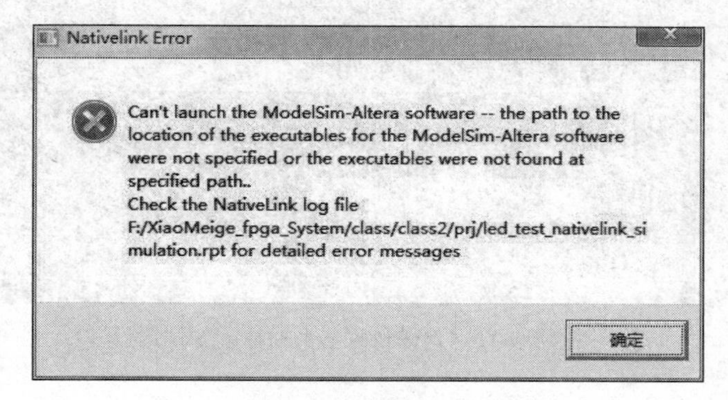

图 3-4-8 提示路径错误

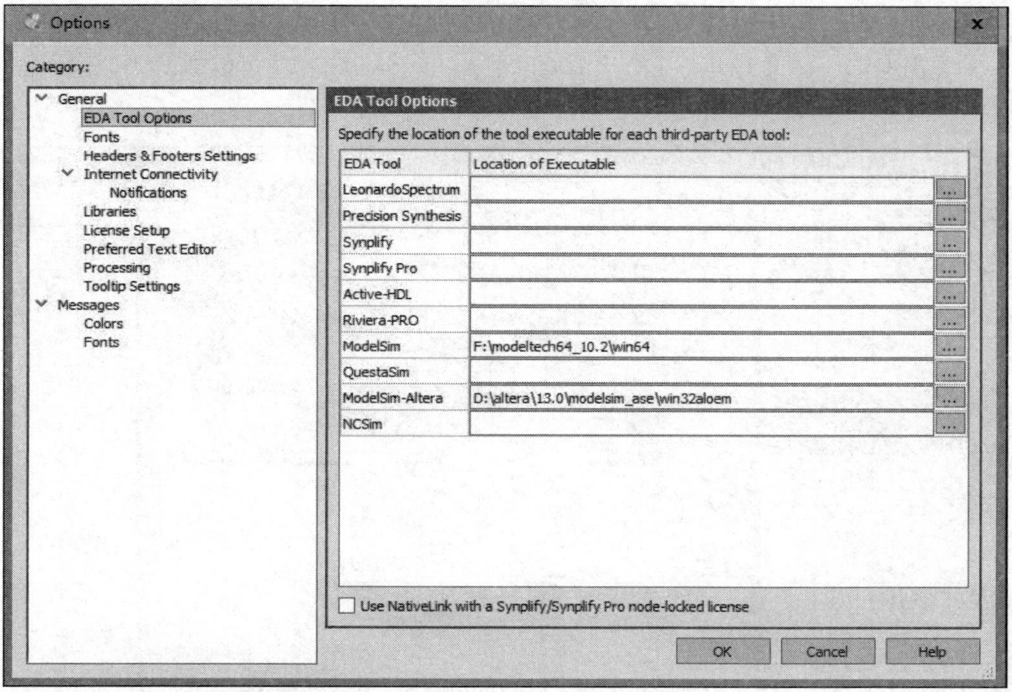

图 3-4-9 仿真路径设置

完成上述操作后，即可在仿真软件 ModelSim 中看到如图 3-4-10 所示的波形文件，可以看出，当 key_in 等于 0 时，led_out 等于 a；当 key_in 等于 1 时，led_out 等于 b，与理论相符，表明该实验功能仿真通过。

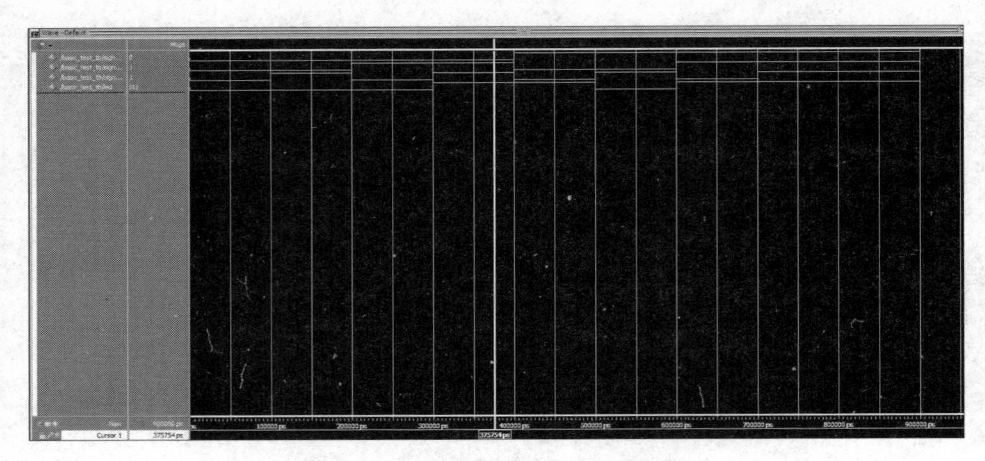

图 3-4-10　功能仿真后的时序波形图

3.5　AS下载方式说明

(1) 用 Quartus Ⅱ打开一个程序后，单击 Assignments→Device，如图 3-5-1 所示，再单击 Device and Pin Options。

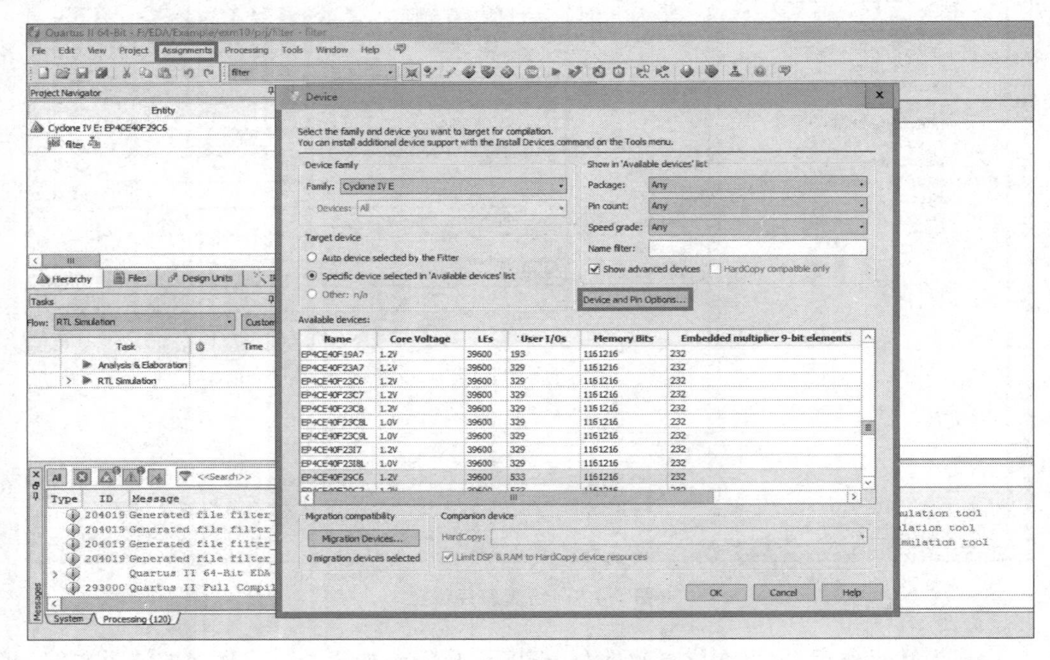

图 3-5-1　设备及引脚设置

(2) 在 Device and Pin Options 界面中，如图 3-5-2 所示，单击左侧的 Configuration，在 Configuration scheme 列表中选择 Active Serial(can use Configuration Device)，勾选 Use configuration device，并选择 EPCS64，最后单击 OK 按钮完成设置。

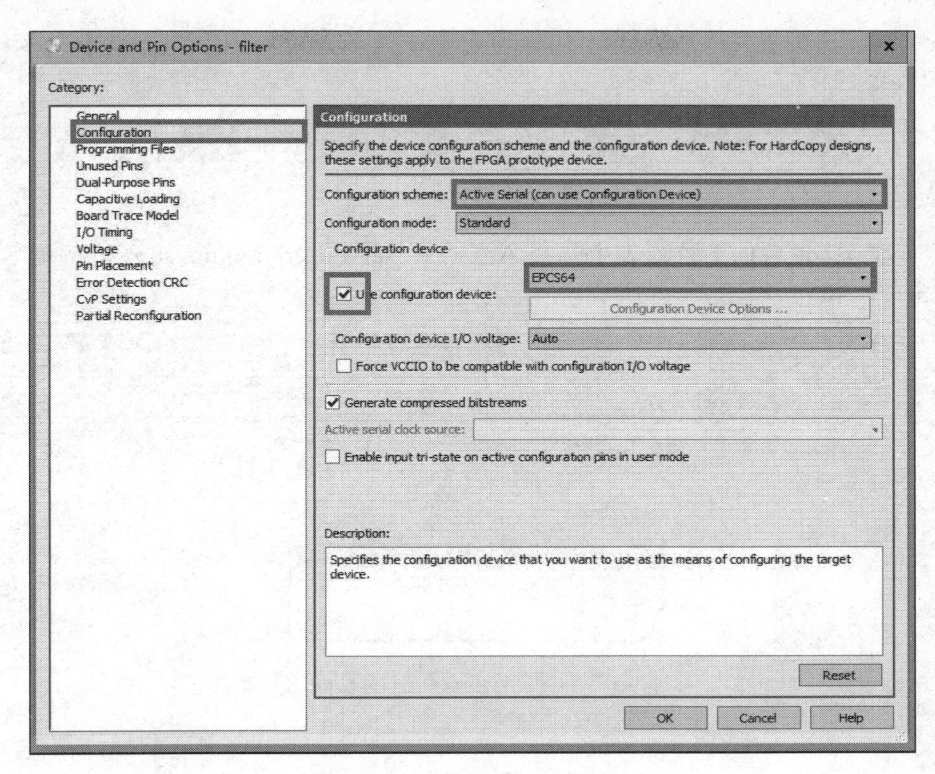

图 3-5-2 **Configuration 界面**

(3) 单击图 3-5-3 中的 Pin Planer 按钮,在图 3-5-4 的 Location 项中分配引脚。

图 3-5-3 **Pin Planer 按钮**

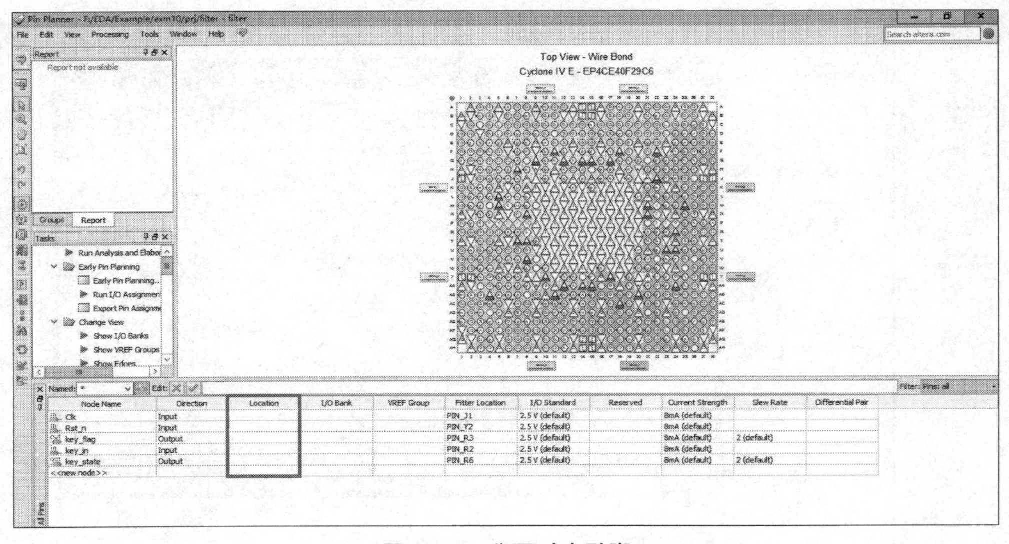

图 3-5-4 **分配对应引脚**

(4) 待所有配置完成后进行编译,编译成功后,单击图 3-5-5 的 Programmer 按钮,准备下载程序。

图 3-5-5 Programmer

(5) 在 Mode 后的下拉列表中选择 Active Serial Programming,出现以下提示窗口后,单击 Yes 按钮,如图 3-5-6 所示。

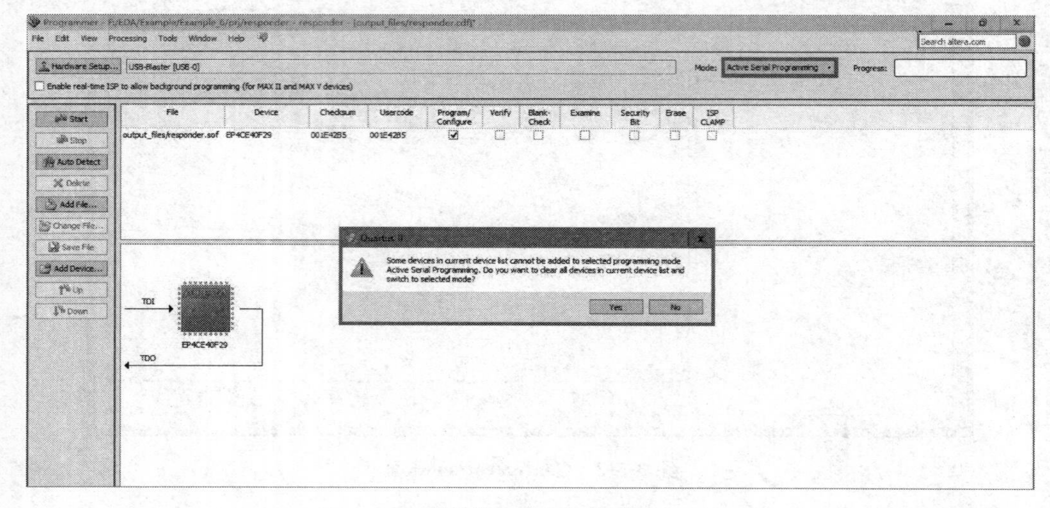

图 3-5-6 Mode 选择

(6) 单击 Programmer 页面下左侧的 Add File 图标添加下载文件。如图 3-5-7 所示,选中扩展名为. pof 的文件后单击 Open 按钮。

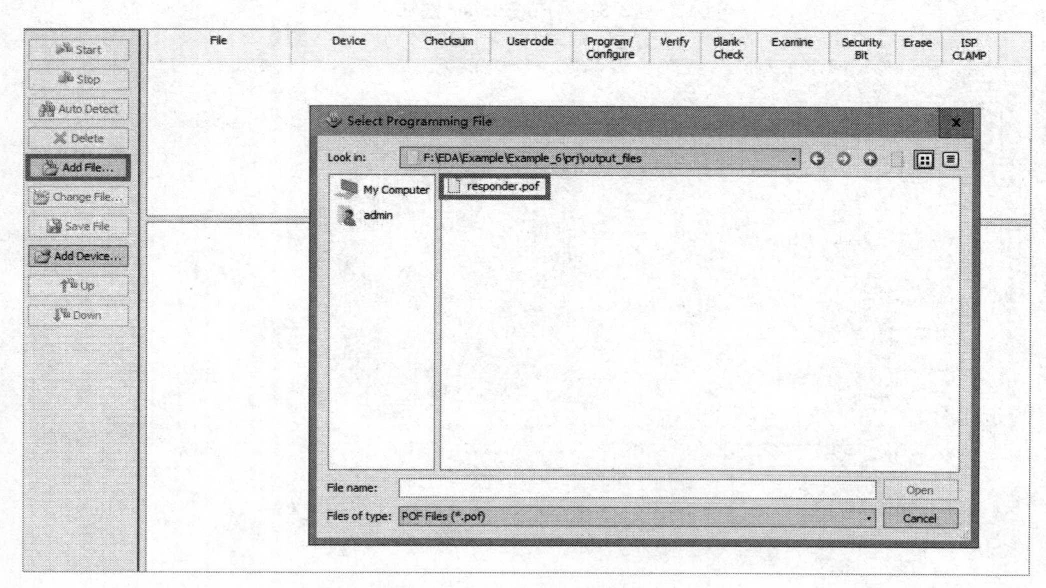

图 3-5-7 添加. pof 文件

(7) 添加完文件后，勾选右侧的 3 个选项，确认 USB Blaster 正确连接后，单击左侧的 Start 开始下载，如图 3-5-8 所示。

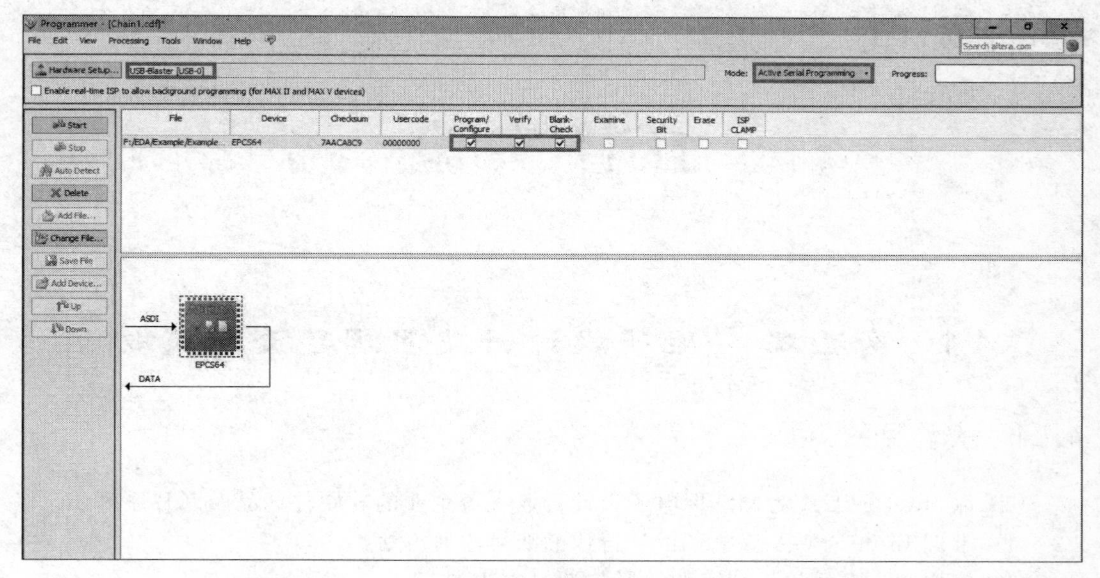

图 3-5-8　开始下载

(8) 进度条显示 100%(Successful)时，表示下载完成，如图 3-5-9 所示。此时可以观察实验现象。

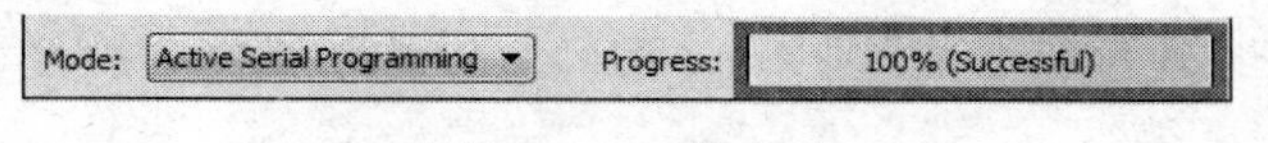

图 3-5-9　下载完成

第4章 chapter 4

自修实验

4.1 实验二：电子设计行业了解与资源获取

4.1.1 实验目的

（1）以 Intel FPGA 为例掌握电子设计行业主流企业的软硬件产品及芯片系列。

（2）掌握 Intel FPGA 等电子设计行业的账号注册方法。

（3）掌握官方在线培训课程的注册与学习方法。

（4）掌握 Cyclone 系列电子设计芯片与 Quartus Ⅱ软件的官方资料的获取方法。

4.1.2 实验内容

（1）访问电子设计行业主流企业 Intel FPGA 公司的官方网站、建立自己的 My Intel FPGA 账户。

（2）找到 Training 功能，通过该功能注册至少一门免费的官方在线培训课程并进行学习。

（3）找到 Technical Updates 功能，通过该功能订阅 Cyclone 芯片与 Quartus Ⅱ软件的更新动态。

（4）找到 Email Subscriptions 功能，通过该功能订阅 System Design Journal 的邮件更新。

4.1.3 实验总结反馈

（1）实验全程总结（100 字以内）。

（2）实验中的主要难点与解决方法（100 字以内）。

4.2 实验三：电子设计文档及软件的获取与安装

4.2.1 实验目的

（1）掌握 Cyclone 系列电子设计芯片的设计文档获取方法。

（2）掌握 Quartus Ⅱ系列电子设计软件网络版的获取方法。

（3）掌握 Quartus Ⅱ软件的安装以及配套 ModelSim 工具、Cyclone 库的安装方法。

（4）强化电子设计行业相关专业英语能力。

4.2.2 实验内容

（1）访问电子设计行业主流企业 Intel FPGA 公司的官方网站、登录自己的 My Intel FPGA 账户。

（2）找到 Documentation 功能，通过该功能下载至少一款 Cyclone 芯片文档并进行学习。

（3）找到 Download 功能，通过该功能下载 Quartus Ⅱ软件及其配套库文件并进行安装。

（4）运行已经安装好的 Quartus Ⅱ软件，新建一个项目文档，验证安装是否成功。

4.2.3 实验步骤

Quartus Prime（含 ModelSim）软件的安装步骤如下：

（1）运行安装程序，双击 Install. exe，弹出如图 4-2-1 所示的软件安装窗口。

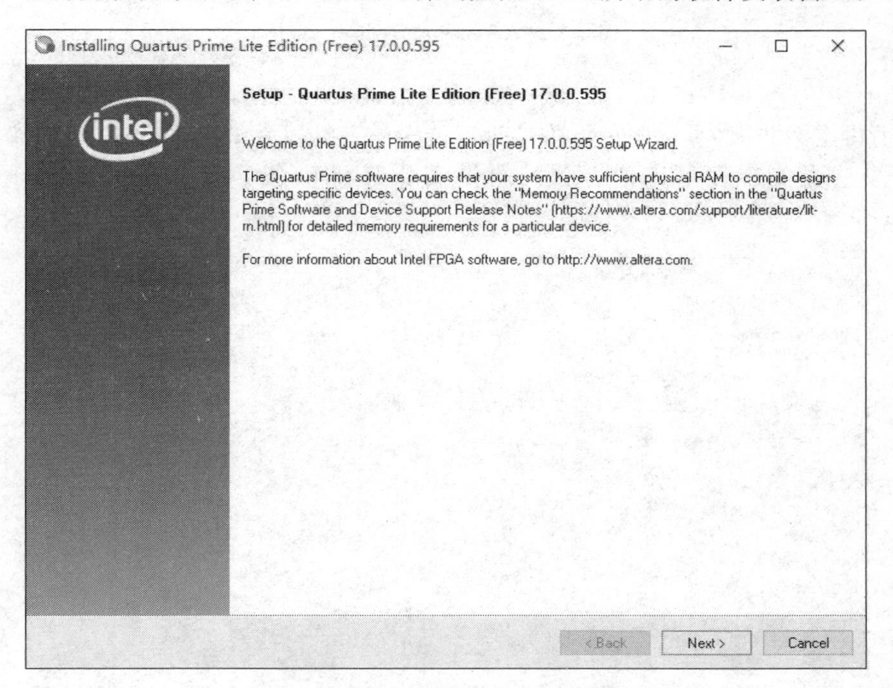

图 4-2-1 软件安装窗口

（2）单击 Next 按钮，进入 License Agreement 窗口，选中 I accept the agreement 选项，如图 4-2-2 所示。

（3）单击 Next 按钮，进入 Installation directory 窗口，选择安装路径（软件默认路径

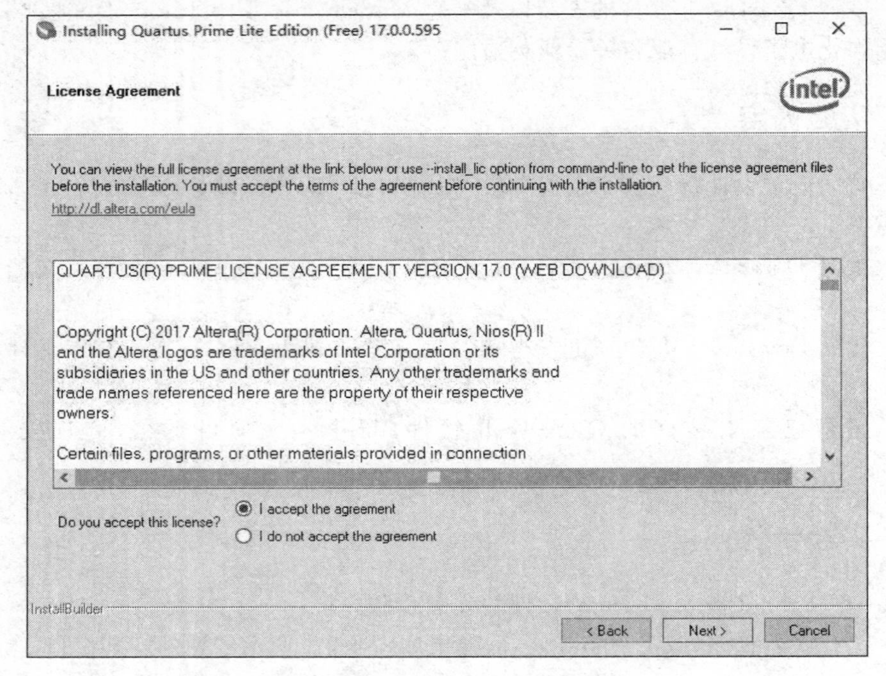

图 4-2-2　License Agreement 窗口

为 C:\intelFPGA_lite\17.0)，确保硬盘上有足够的安装空间，一般需要 12GB 左右。由于软件所占空间非常大，完全安装在 C 盘可能影响计算机系统的运行速度，建议把此软件和操作系统安装在不同的分区。选择安装路径和自定义设置安装路径分别如图 4-2-3 和图 4-2-4 所示。

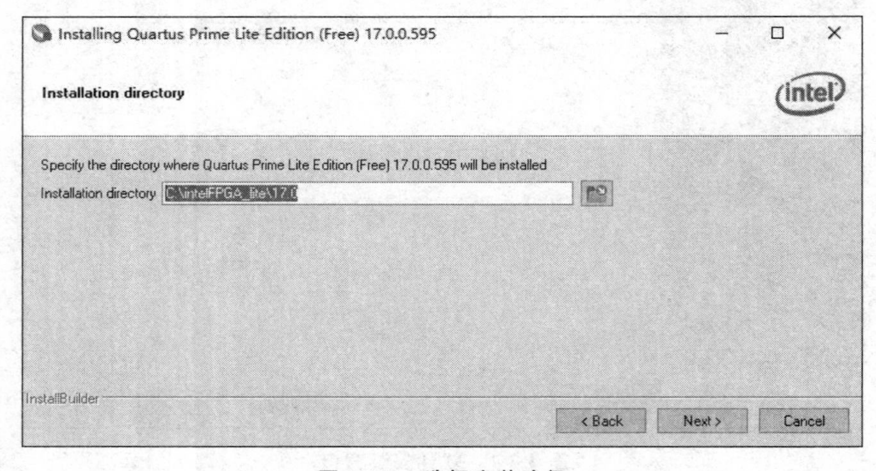

图 4-2-3　选择安装路径

(4) 单击 Next 按钮，弹出 Select Components 窗口。选择器件对应的 Components。注意，此处一定要选择仿真软件 ModelSim。Select Components 窗口如图 4-2-5 所示。

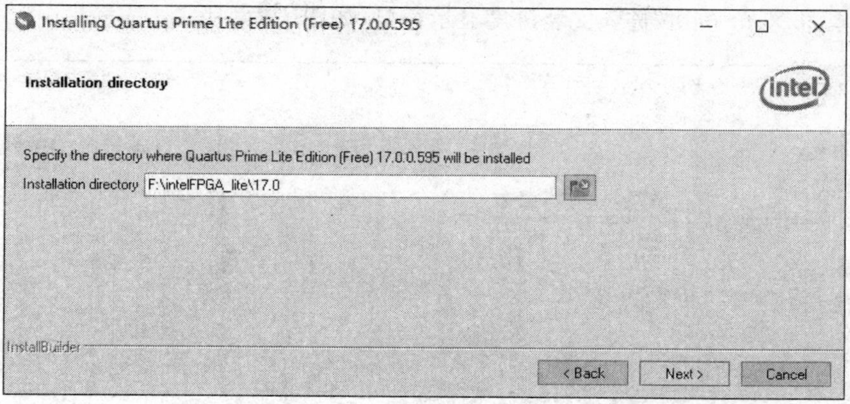

图 4-2-4 自定义设置安装路径

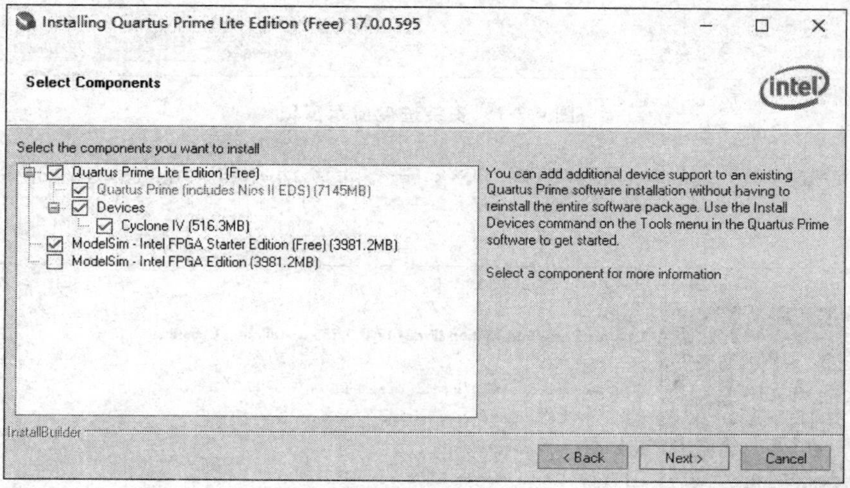

图 4-2-5 Select Components 窗口

(5) 单击 Next 按钮,进入确认安装信息窗口,如图 4-2-6 所示。

图 4-2-6 确认安装信息窗口

(6) 单击 Next 按钮,进入安装进度显示窗口,如图 4-2-7 所示。

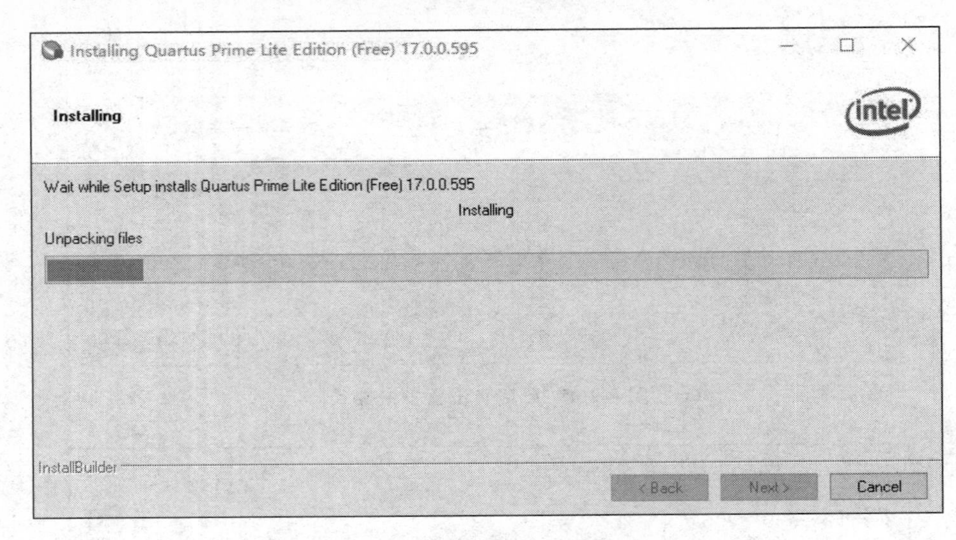

图 4-2-7 安装进度显示窗口

(7) 安装进度完成后,弹出如图 4-2-8 所示的成功安装 Quartus Prime 软件信息窗口。

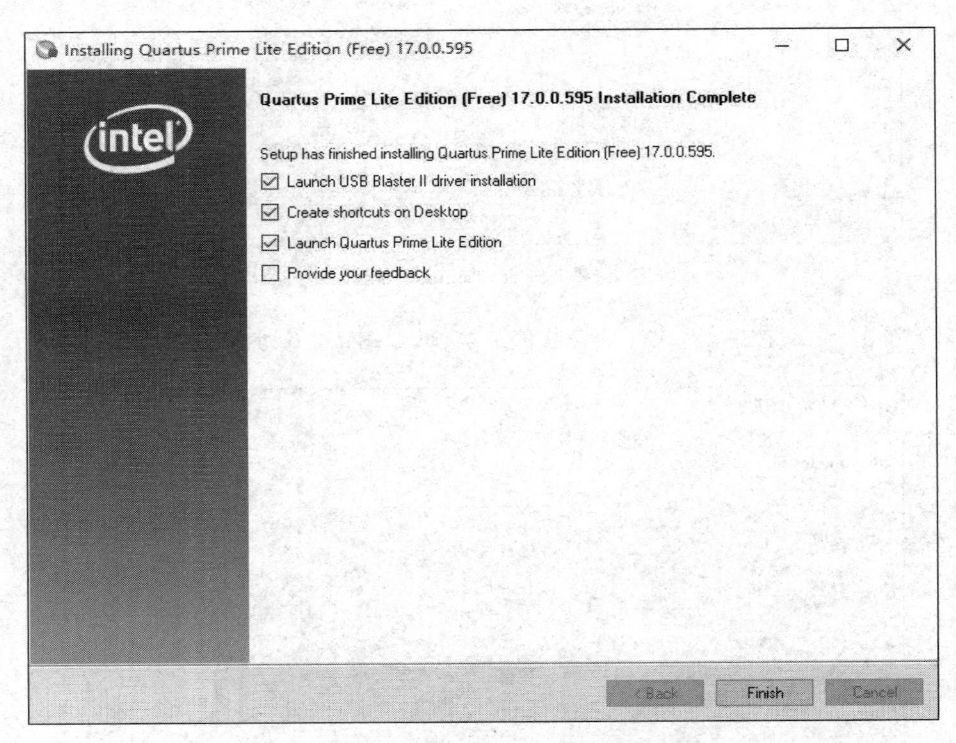

图 4-2-8 成功安装 Quartus Prime 软件信息窗口

(8) 单击 Finish 按钮，退出 Quartus Prime 软件的安装程序，完成 Quartus Prime 以及 ModelSim 的安装。

(9) Quartus Prime 安装成功之后，弹出“设备驱动程序安装向导”，单击“下一步”按钮开始驱动安装，如图 4-2-9 所示。

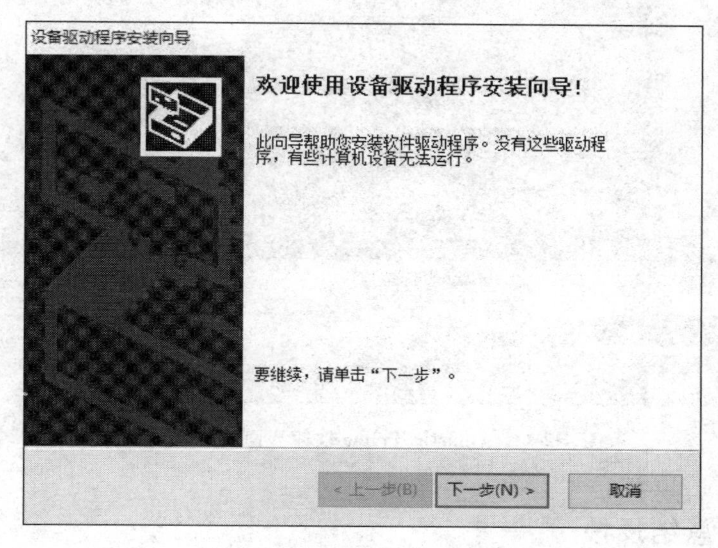

图 4-2-9 设备驱动程序安装向导

(10) 驱动程序安装成功后，出现图 4-2-10 所示界面，单击“完成”按钮，至此所有工具安装完毕。Quartus Prime 软件界面及分区功能如图 4-2-11 所示。

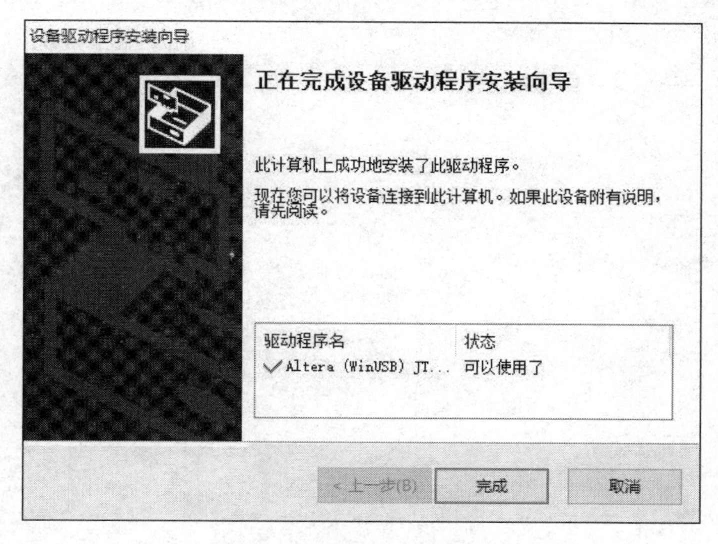

图 4-2-10 驱动程序安装成功界面

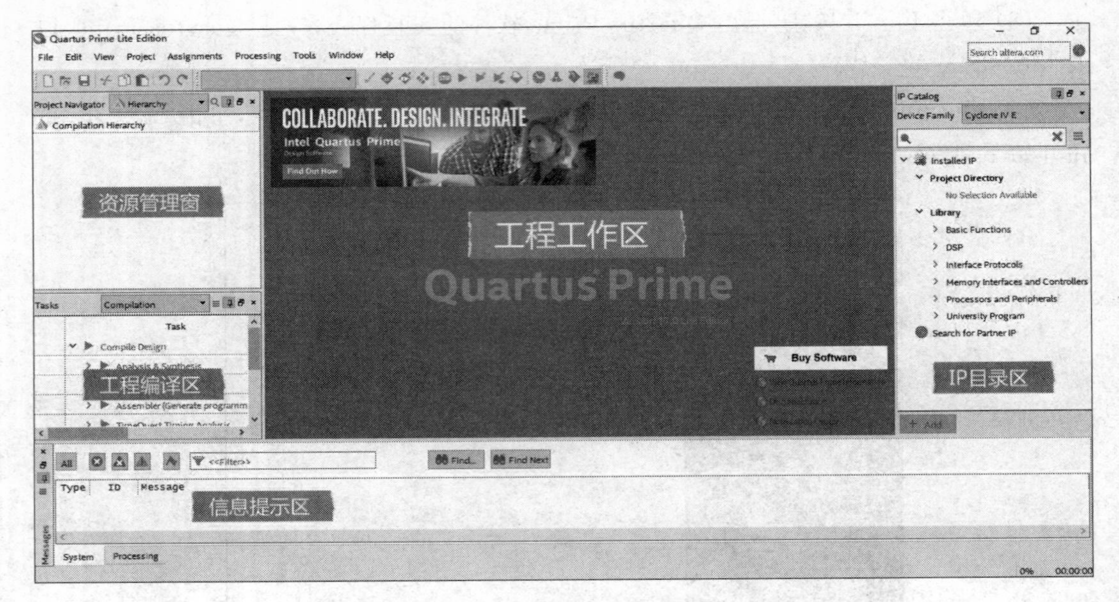

图 4-2-11 Quartus Prime 软件界面及分区功能

4.2.4 实验总结反馈

(1) 实验全程总结(100 字以内)。

(2) 实验中的主要难点与解决方法(100 字以内)。

第5章 chapter 5

基于FPGA的EDA/SOPC系统的基础实验

5.1 实验四：基于Verilog HDL格雷码编码器的设计

5.1.1 实验目的

（1）了解格雷码变换的原理。

（2）进一步熟悉Quartus Ⅱ软件的使用方法和Verilog HDL输入的全过程。

（3）进一步掌握实验系统的使用。

5.1.2 实验原理

格雷(gray)码是一种可靠性编码，在数字系统中有广泛的应用。其特点是任意两个相邻的代码中仅有一位二进制数不同，因而在数码的递增和递减运算过程中不易出现差错。但是，格雷码是一种无权码，要想正确而简单地和二进制码进行转换，必须找出其规律。

根据组合逻辑电路的分析方法，先列出其真值表，再通过卡诺图化简，可以快速找出格雷码与二进制码之间的逻辑关系。其转换规律为：高位同，从高到低看异同，异出'1'，同出'0'。也就是将二进制码转换成格雷码时，高位是完全相同的，下一位格雷码是'1'，还是'0'，完全由相邻两位二进制码的"异"或"同"决定。下面通过一个简单的例子加以说明。

如果要把二进制码10110110转换成格雷码，可以通过下面的方法完成。方法如图5-1-1所示。因此，变换出的格雷码为11101101。

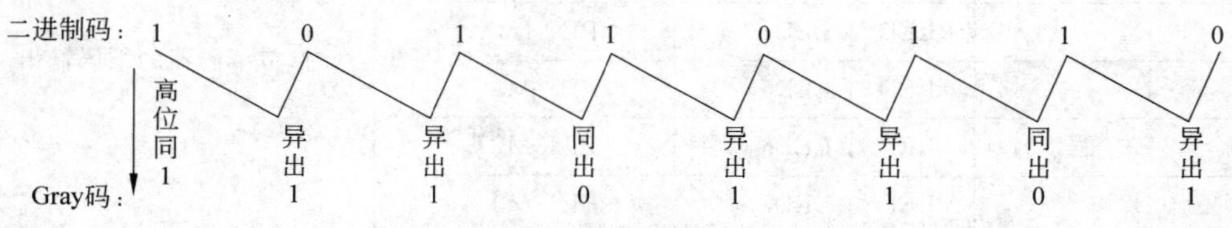

图5-1-1 格雷码变换示意图

5.1.3 实验内容

本实验的目的是将8位的二进制码变换为8位的格雷码。实验中用8位拨挡开关模块的SW1-SW8表示8位二进制输入,用LED模块的D1-D8表示转换的实验结果8位格雷码。实验LED亮表示对应的位为'1',LED灭表示对应的位为'0'。通过输入不同的值观察输入的结果与实验原理中的转换规则是否一致。

5.1.4 实验步骤

(1) 打开Quartus Ⅱ软件,新建一个工程。

(2) 新建一个Verilog HDL File。

(3) 按照实验原理,在Verilog HDL编辑窗口编写Verilog HDL程序,用户可参照附录中提供的示例程序。

(4) 编写并保存Verilog HDL程序。

(5) 对所编写的Verilog HDL程序进行编译,并对程序的错误进行修改。

(6) 编译无误后,参照附录进行引脚分配。表5-1-1是端口引脚分配表。分配完成后,再全编译一次,以使引脚分配生效。

表5-1-1 端口引脚分配表

端口名	使用模块信号	对应的FPGA引脚	说 明
SW1	拨挡开关SW_K1	PIN_AD15	格雷编码器的数据输入
SW2	拨挡开关SW_K2	PIN_AC15	
SW3	拨挡开关SW_K3	PIN_AB15	
SW4	拨挡开关SW_K4	PIN_AA15	
SW5	拨挡开关SW_K5	PIN_Y15	
SW6	拨挡开关SW_K6	PIN_AA14	
SW7	拨挡开关SW_K7	PIN_AF14	
SW8	拨挡开关SW_K8	PIN_AE14	
D1	LED灯LED1	PIN_N4	格雷编码器的编码输出
D2	LED灯LED2	PIN_N8	
D3	LED灯LED3	PIN_M9	
D4	LED灯LED4	PIN_N3	
D5	LED灯LED5	PIN_M5	
D6	LED灯LED6	PIN_M7	
D7	LED灯LED7	PIN_M3	
D8	LED灯LED8	PIN_M4	

(7) 用下载电缆通过JTAG口将对应的sof文件加载到FPGA中，观察实验结果是否与预期的编程思想一致。

5.1.5 实验现象与结果

以设计的参考示例为例，当设计文件加载到目标器件后，拨挡开关，LED会按照实验原理中的格雷码输入表现出一一对应的亮或者灭。

5.1.6 实验报告

(1) 熟悉Quartus Ⅱ软件。

(2) 将实验原理、设计过程、编译结果、硬件测试结果记录下来。

实验参考例程：

```
module bin_to_gray(
input       [7:0] SW,            //格雷编码器的数据输入
output reg [7:0] D               //格雷编码器的数据输出
);
always@ (* )
    begin
      D[7] <=SW[7];
      D[6] <=SW[7] ^ SW[6];
      D[5] <=SW[6] ^ SW[5];
      D[4] <=SW[5] ^ SW[4];
      D[3] <=SW[4] ^ SW[3];
      D[2] <=SW[3] ^ SW[2];
      D[1] <=SW[2] ^ SW[1];
      D[0] <=SW[1] ^ SW[0];
      end
    endmodule
```

5.2 实验五：数控分频器的设计

5.2.1 实验目的

(1) 学习数控分频器的设计、分析和测试方法。

(2) 了解和掌握分频电路实现的方法。

(3) 掌握EDA技术的层次化设计方法。

(4) 进一步熟悉ModelSim的使用方法。

5.2.2 实验原理

数控分频器的功能是当输入端给定不同的输入数据时，对输入的时钟信号有不同的

分频比,数控分频器就是用计数值可并行预置的加法计数器设计完成的,方法是将计数溢出位与预置数加载输入信号相接得到。

5.2.3 实验内容

本实验的目的是在时钟信号的作用下,通过输入8位的拨挡开关输入不同的数据,改变分频比,使输出端口输出不同频率的时钟信号,达到数控分频的效果。在实验中,数字时钟选择1kHz作为输入的时钟信号(频率过高,观察不到LED的闪烁快慢),用8个拨挡开关作为数据的输入,当8个拨挡开关置位一个二进制数时,在输出端口输出对应频率的时钟信号,用户可以用示波器接信号输出模块观察频率的变化。也可以使输出端口接LED灯观察频率的变化。此实验中的输出端口接入LED灯模块。

5.2.4 实验步骤

(1) 打开Quartus Ⅱ软件,新建一个工程。

(2) 建完工程之后,新建一个Verilog HDL File,打开Verilog HDL编辑器对话框。

(3) 按照实验原理,在Verilog HDL编辑窗口编写Verilog HDL程序,用户可参照附录中提供的示例程序。

(4) 编写并保存Verilog HDL程序。

(5) 对编写的Verilog HDL程序进行编译,并对程序的错误进行修改。

(6) 编译无误后,参照附录进行引脚分配。表5-2-1是端口引脚分配表。分配完成后,再进行全编译一次,使引脚分配生效。

表5-2-1 端口引脚分配表

端口名	使用模块信号	对应的FPGA引脚	说　明
INCLK	数字信号源	PIN_L20	时钟为1kHz
RST_N	核心板复位按键	PIN_AH14	复位信号
DATA0	拨挡开关SW_K1	PIN_AD15	分频比数据
DATA1	拨挡开关SW_K2	PIN_AC15	
DATA2	拨挡开关SW_K3	PIN_AB15	
DATA3	拨挡开关SW_K4	PIN_AA15	
DATA4	拨挡开关SW_K5	PIN_Y15	
DATA5	拨挡开关SW_K6	PIN_AA14	
DATA6	拨挡开关SW_K7	PIN_AF14	
DATA7	拨挡开关SW_K8	PIN_AE14	
FOUT	LED灯LED1	PIN_N4	分频输出

(7) 用下载电缆通过JTAG口将对应的sof文件加载到FPGA中,观察实验结果是

否与预期的编程思想一致。

5.2.5　实验现象与结果

以设计的参考示例为例，当设计文件加载到目标器件后，将数字信号源模块的时钟选择为1kHz，拨动8位拨挡开关，使其为一个数值，则输入的时钟信号开始控制LED灯闪烁，改变拨挡开关，LED闪烁的快慢会按一定的规则发生改变。

5.2.6　实验报告

(1) 在此程序的基础上将8位分频器扩展成16位分频器，并写出Verilog HDL代码。

(2) 记录实验原理、设计过程、编译结果、硬件测试结果。

实验参考例程：

```
module FDIV(
input   rst_n,                    //复位信号 PIN_AH14
input   clk,                      //1kHz 数字时钟信号
input   [7:0] DATA,               //拨挡开关数据输入
output reg    FOUT                //分频信号输出,led闪烁显示
);
reg [7:0] COUNT;                  //计数器
reg full_clk;                     //计数时钟信号输出
//*****计数器模块*********
always@ (posedge clk or negedge rst_n)
  if(!rst_n)
    begin
     COUNT <=8'd0;
     full_clk <=0;
  end
 else if(COUNT ==DATA)
    begin
     COUNT <=8'd0;
     full_clk <=1;
    end
  else
    begin
     COUNT <=COUNT +1'd1;
     full_clk <=0;
    end
    //******led输出模块*********
  always@ (posedge full_clk or negedge rst_n)
    if(!rst_n)
      FOUT <=0;
```

```
    else
      FOUT <=~FOUT;
  endmodule
```

5.3 实验六：四位并行乘法器的设计

5.3.1 实验目的

(1) 了解四位并行乘法器的原理。

(2) 了解四位并行乘法器的设计思想。

(3) 掌握用 Verilog HDL 实现基本二进制运算的方法。

5.3.2 实验原理

实现并行乘法器的方法有很多种，但是归结起来基本上分为两类，一类通过组合逻辑电路实现；另一类通过流水线实现。流水线结构的并行乘法器的最大优点是速度快，尤其是在连续输入的乘法器中，可以达到近乎单周期的运算速度，但是实现起来比组合逻辑电路要稍复杂一些。下面对组合逻辑电路实现无符号数乘法的方法作详细介绍。假如有被乘数 A 和乘数 B，首先用 A 与 B 的最低位相乘得到 S1，把 A 左移 1 位与 B 的第 2 位相乘得到 S2，再将 A 左移 3 位与 B 的第三位相乘得到 S3，以此类推，直到把 B 的所有位都乘完为止，再把乘得的结果 S1、S2、S3…相加即得到相乘的结果。需要注意的是，具体实现乘法器并不是真正去乘，而是利用简单的判断实现。假如 A 左移 n 位后与 B 的第 n 位相乘，如果 B 的这位为'1'，那么相乘的中间结果就是 A 左移 n 位后的结果，否则如果 B 的这位为'0'，那么直接让相乘的中间结果为 0 即可。待 B 的所有位相乘结束后，把所有的中间结果相加即得到 A 与 B 相乘的结果。

5.3.3 实验内容

本实验的目的是实现一个简单的四位并行乘法器，被乘数 A 用拨挡开关模块的 SW1-SW4 表示，乘数 B 用 SW5-SW8 表示，相乘的结果用 LED 模块的 LED1-LED8 表示，LED 亮表示对应的位为'1'。时钟信号选取 1kHz 作为扫描时钟，拨挡开关输入一个四位的被乘数和一个四位的乘数，经过设计电路相乘后得到的数据在 LED 灯上显示出来。

5.3.4 实验步骤

(1) 打开 Quartus Ⅱ 软件，新建一个工程。

(2) 建完工程之后，新建一个 Verilog HDL File，打开 Verilog HDL 编辑器对话框。

(3) 按照实验原理，在 Verilog HDL 编辑窗口编写 Verilog HDL 程序，用户可参照附录中提供的示例程序。

(4) 编写并保存 Verilog HDL 程序。

(5) 对所编写的 Verilog HDL 程序进行编译,并对程序的错误进行修改。

(6) 编译无误后,与 FPGA 的引脚连接表或参照附录进行引脚分配。表 5-3-1 是端口引脚分配表。分配完成后,再进行全编译一次,以使引脚分配生效。

表 5-3-1 端口引脚分配表

端口名	使用模块信号	对应的 FPGA 引脚	说 明
CLK	数字信号源	PIN_L20	时钟为 1kHz
RST_N	核心板复位按键	PIN_AH14	复位信号
A0	拨挡开关 SWK_4	PIN_AA15	被乘数数据
A1	拨挡开关 SWK_3	PIN_AB15	
A2	拨挡开关 SWK_2	PIN_AC15	
A3	拨挡开关 SWK_1	PIN_AD15	
B0	拨挡开关 SWK_8	PIN_AE14	乘数数据
B1	拨挡开关 SWK_7	PIN_AF14	
B2	拨挡开关 SWK_6	PIN_AA14	
B3	拨挡开关 SWK_5	PIN_Y15	
DATAOUT7	LED 灯 LED1	PIN_N4	两数相乘结果输出
DATAOUT6	LED 灯 LED2	PIN_N8	
DATAOUT5	LED 灯 LED3	PIN_M9	
DATAOUT4	LED 灯 LED4	PIN_N3	
DATAOUT3	LED 灯 LED5	PIN_M5	
DATAOUT2	LED 灯 LED6	PIN_M7	
DATAOUT1	LED 灯 LED7	PIN_M3	
DATAOUT0	LED 灯 LED8	PIN_M4	

(7) 用下载电缆通过 JTAG 口将对应的 sof 文件加载到 FPGA 中,观察实验结果是否与预期的编程思想一致。

5.3.5 实验现象与结果

以设计的参考示例为例,当设计文件加载到目标器件后,将数字信号源模块的时钟选择为 1kHz,拨动相应的拨挡开关,输入一个四位的乘数和被乘数,在 LED 灯上显示这两个数值相乘的结果的二进制数。

5.3.6 实验报告

(1) 在此程序的基础上设计一个 8 位的并行乘法器。

(2) 在此程序的基础上,用数码管显示相乘结果的十进制值。

(3) 记录实验原理、设计过程、编译结果、硬件测试结果。

实验参考例程:

```
'timescale 1ps/1ns
module multiplication(
input     [3:0] A,                //被乘数数据
input     [3:0] B,                //乘数数据
input     clk,                    //时钟信号输入 1kHz
input     rst_n,                  //复位信号
output reg [7:0] DATAOUT          //输出信号 led 显示
);
reg [7:0] stored0;                //定义寄存器
reg [7:0] stored1;
reg [7:0] stored2;
reg [7:0] stored3;
always @ (posedge clk or negedge rst_n)
  if(!rst_n)
    begin
      DATAOUT <=8'b0;
      stored0 <=8'b0;
      stored1 <=8'b0;
      stored2 <=8'b0;
      stored3 <=8'b0;
    end
  else
    begin
      stored0 <=B[0]? {4'b0, A}       : 8'b0;
      stored1 <=B[1]? {3'b0, A, 1'b0} : 8'b0;
      stored2 <=B[2]? {2'b0, A, 2'b0} : 8'b0;
      stored3 <=B[3]? {1'b0, A, 3'b0} : 8'b0;
      DATAOUT <=stored0 +stored1 +stored2 +stored3;
  end
endmodule
```

5.4 实验七:设计4位全加器

5.4.1 实验目的

(1) 了解加法器的工作原理。

(2) 掌握基本组合逻辑电路的 FPGA 实现。

(3) 掌握元件例化的使用方法。

5.4.2　实验原理

计算机中数的操作都是以二进制进位的，最基本的运算就是加法运算。按照进位是否加入，加法器分为半加器和全加器电路两种。计算机中的异或指令的功能就是求两个操作数各位的半加和。一位半加器有两个输入、输出，如图 5-4-1 所示，其真值表见表 5-4-1。

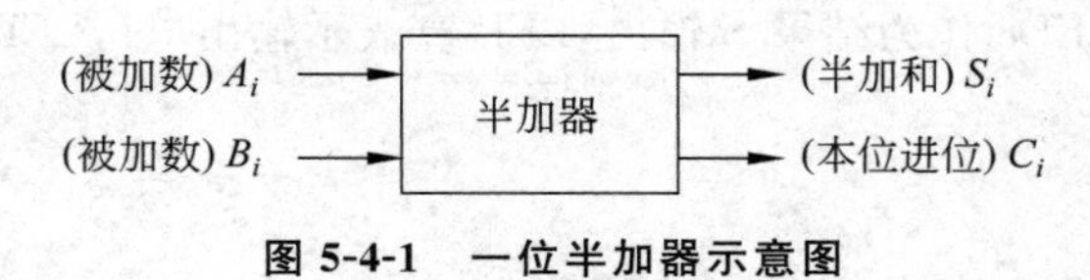

图 5-4-1　一位半加器示意图

表 5-4-1　一位半加器真值表

输入信号		输出信号	
B_i	A_i	S_i	C_i
0	0	0	0
0	1	1	0
1	0	1	0
1	1	0	1

全加器由两个加数 X_i 和 Y_i 以及低位的进位 C_{i-1} 作为输入，产生本位和 S_i 以及向高位的进位 C_i 的逻辑电路。它不但要完成本位二进制码 X_i 和 Y_i 相加，还要考虑到低一位进位 C_{i-1} 的逻辑。对于输入为 X_i、Y_i 和 C_{i-1}，输出为 S_i 和 C_i 的情况，根据二进制加法法则可以得到全加器真值表，见表 5-4-2。

表 5-4-2　全加器真值表

输入信号			输出信号	
X_i	Y_i	C_{i-1}	S	C
0	0	0	0	0
0	0	1	1	0
0	1	0	1	0
0	1	1	0	1
1	0	0	0	0
1	0	1	0	1
1	1	0	0	1
1	1	1	1	1

由真值表得到 S_i 和 C_i 的逻辑表达式经化简后为

$$S_i = X_i \oplus Y_i \oplus C_{i-1}$$
$$C_i = (X_i \oplus Y)C_{i-1} + X_iY_i$$

这是一位二进制全加器,若要完成一个四位二进制全加器,需将四个一位二进制全加器级联起来。

5.4.3 实验内容

本实验的目的是设计一个四位二进制全加器。具体的实验过程是将实验系统上拨挡开关模块的 SW1～SW4 作为一个加数 *X* 输入,SW5～SW8 作为另一个加数 *Y* 输入,将 LED 模块的 LED5～LED8 作为结果 *S* 输出,LED 亮表示输出'1',LED 灭表示输出'0'。

5.4.4 实验步骤

(1) 打开 Quartus Ⅱ 软件,新建一个工程。

(2) 工程建立完成后,新建一个 Verilog HDL File,打开 Verilog HDL 编辑器对话框。

(3) 按照实验原理,在 Verilog HDL 编辑窗口编写 Verilog HDL 程序,用户可参照附录提供的示例程序。

(4) 编写并保存 Verilog HDL 程序。

(5) 对所编写的 Verilog HDL 程序进行编译,并对程序的错误进行修改。

(6) 编译无误后,参照附录进行引脚分配。表 5-4-3 是端口引脚分配表。分配完成后,再进行全编译一次,使引脚分配生效。

表 5-4-3 端引脚分配表

端口名	使用模块信号	对应的 FPGA 引脚	说　明
X0	拨挡开关 SWK_4	PIN_AA15	加数数据
X1	拨挡开关 SWK_3	PIN_AB15	
X2	拨挡开关 SWK_2	PIN_AC15	
X3	拨挡开关 SWK_1	PIN_AD15	
Y0	拨挡开关 SWK_8	PIN_AE14	加数数据
Y1	拨挡开关 SWK_7	PIN_AF14	
Y2	拨挡开关 SWK_6	PIN_AA14	
Y3	拨挡开关 SWK_5	PIN_Y15	
cin	拨挡开关 SWK_9	PIN_AD14	进位输入
co	LED 灯 LED4	PIN_N3	进位输出
Result3	LED 灯 LED5	PIN_M5	加数和输出
Result2	LED 灯 LED6	PIN_M7	
Result1	LED 灯 LED7	PIN_M3	
Result0	LED 灯 LED8	PIN_M4	

(7) 用下载电缆通过 JTAG 口将对应的 sof 文件加载到 FPGA 中,观察实验结果是

否与预期的编程思想一致。

5.4.5 实验现象与结果

以设计的参考示例为例，当设计文件加载到目标器件后，拨动相应的拨挡开关，输入两个四位的加数，则 LED 灯上会显示这两个数值相加结果的二进制数。

5.4.6 实验报告

(1) 给出不同的加数，并作说明。

(2) 在此程序的基础上设计一个 8 位的全加器。

(3) 在此程序的基础上用数码管显示相加结果的十进制值。

(4) 将实验原理、设计过程、编译结果、硬件测试结果记录下来。

实验参考例程：

```
/*******方法一:行为描述*******
module adder(
input     [3:0] A,
input     [3:0] B,
input          Ci,
output reg [3:0] result,
output reg    Co
);
always@ (A or B or Ci)
  begin
    {Co,result} =A +B +Ci;
  end
//assign {Co,result} =A +B +Ci;
endmodule
*******************************/
/****方法二:结构化描述*********/
module adder(
input  [3:0] X,                //加数数据
input  [3:0] Y,                //加数数据
input  cin,                    //进位输入
output [3:0] result,           //加数和
output      co                 //进位输出
);
wire cout1,cout2,cout3;
full_adder adder0(X[0],Y[0],cin,result[0],cout1);      //元件例化
full_adder adder1(X[1],Y[1],cout1,result[1],cout2);
full_adder adder2(X[2],Y[2],cout2,result[2],cout3);
full_adder adder3(X[3],Y[3],cout3,result[3],co);
endmodule
```

```
/* * * * * * 一位全加器 * * * * * *
module full_adder(
input ain,
input bin,
input cin,                          //进位输入
output so,                          //和
output co                           //进位输出
);
wire d,e,f;                         //内部连线定义
h_adder adder0(ain,bin,e,d);        //元件例化
h_adder adder1(e,cin,so,f);
or(co,d,f);
endmodule
/* * * * * 一位半加器 * * * * * * * *
module h_adder(
input  ain,
input  bin,
output so,
output co
);
assign so =ain ^ bin;
assign co =ain & bin;
endmodule
```

5.5 实验八：7人表决器的设计

5.5.1 实验目的

(1) 熟悉 Verilog HDL 的编程。
(2) 熟悉 7 人表决器的工作原理。
(3) 进一步了解实验系统的硬件结构。

5.5.2 实验原理

表决器就是对于一个行为，由多个人投票，如果同意的票数过半，就认为此行为可行；若否决的票数过半，则认为此行为无效。

顾名思义，7 人表决器就是由 7 个人投票，当同意的票数大于或者等于 4 时，则认为同意；反之，当否决的票数大于或者等于 4 时，则认为不同意。实验中用 7 个拨挡开关表示 7 个人，当对应的拨挡开关输入为‘1’时，表示此人同意；若拨挡开关输入为‘0’，则表示此人反对。表决的结果用一个 LED 表示，若表决的结果为同意，则 LED 被点亮；若表决的结果为反对，则 LED 不会被点亮。同时，数码管上显示通过的票数。

5.5.3 实验内容

本实验就是利用实验系统中的拨挡开关模块、LED模块和数码管模块实现一个简单的7人表决器的功能。拨挡开关模块中的K1～K7表示7个人，当拨挡开关输入为'1'时，表示对应的人投同意票，当拨挡开关输入为'0'时，表示对应的人投反对票；LED模块中的LED1表示7人表决的结果，当LED1点亮时，表示此行为通过表决；当LED1熄灭时，表示此行为未通过表决。同时，通过的票数在数码管上显示出来。

5.5.4 实验步骤

(1) 打开Quartus Ⅱ软件，新建一个工程。

(2) 建完工程之后，新建一个Verilog HDL File，打开Verilog HDL编辑器对话框。

(3) 按照实验原理，在Verilog HDL编辑窗口编写Verilog HDL程序，用户可参照附录中提供的示例程序。

(4) 编写并保存Verilog HDL程序。

(5) 对所编写的Verilog HDL程序进行编译，并对程序的错误进行修改。

(6) 编译无误后，参照附录进行引脚分配。表5-5-1是端口引脚分配表。分配完成后，再进行全编译一次，使引脚分配生效。

表5-5-1 端口引脚分配表

端口名	使用模块信号	对应的FPGA引脚	说明
K1	拨挡开关SWK_1	PIN_AD15	7位投票人的表决器
K2	拨挡开关SWK_2	PIN_AC15	
K3	拨挡开关SWK_3	PIN_AB15	
K4	拨挡开关SWK_4	PIN_AA15	
K5	拨挡开关SWK_5	PIN_Y15	
K6	拨挡开关SWK_6	PIN_AA14	
K7	拨挡开关SWK_7	PIN_AF14	
Result	LED模块LED1	PIN_N4	表决结果亮为通过
LEDAG0	数码管模块A段	PIN_AA12	表决通过的票数
LEDAG1	数码管模块B段	PIN_AH11	
LEDAG2	数码管模块C段	PIN_AG11	
LEDAG3	数码管模块D段	PIN_AE11	
LEDAG4	数码管模块E段	PIN_AD11	
LEDAG5	数码管模块F段	PIN_AB11	
LEDAG6	数码管模块G段	PIN_AC11	

(7) 用下载电缆通过JTAG口将对应的sof文件加载到FPGA中。观察实验结果是否与预期的编程思想一致。

5.5.5 实验结果与现象

以设计的参考示例为例，当设计文件加载到目标器件后，拨动实验系统中拨挡开关模块的SW0～SW7 7位拨挡开关，当拨挡开关的值为“1”(即拨挡开关的开关置于上端，表示此人通过表决)的个数大于或等于4时，LED模块的LED1被点亮，否则LED1不被点亮。同时，实验箱核心板或底板的数码管上显示通过表决的人数。

5.5.6 实验报告

(1) 将实验原理、设计过程、编译结果、硬件测试结果记录下来。

(2) 在此实验的基础上增加一个表决时间，使其在这一时间内的表决结果有效。

实验参考例程：

```
module voter(
input  [6:0] vote,
output       pass,
output [6:0] LEDAG
);
wire [2:0] sum;
vot vot(vote[6:0],pass,sum[2:0]);
display  display(sum[2:0],LEDAG[6:0]);        //元件例化
endmodule
//* * * * * * 7人表决模块* * * * * *
module vot(
input       [6:0] vote,
output            pass,
output reg [2:0] sum
);
assign pass = (sum >=3'd4)?1:0;
always @ (vote)
  begin
    sum <=vote[6]+vote[5]+vote[4]
               +vote[3]+vote[2]+vote[1]
               +vote[0];
  end
endmodule
//* * * * * * * * 数码管显示模块* * * * * * *
module display(
input       [2:0] num,
output reg [6:0] LEDAG
);
```

```
//核心板数码管为共阳极,底板数码管为共阴极
parameter
/******共阴极数码管编码****
reg0 =7'h3f,                                    //0
reg1 =7'h06,                                    //1
reg2 =7'h5d,                                    //2
reg3 =7'h4f,                                    //3
reg4 =7'h66,                                    //4
reg5 =7'h6d,                                    //5
reg6 =7'h7d,                                    //6
reg7 =7'h07;                                    //7
******可以自行选择编码方式***/
//*******共阳极数码管编码*****
reg0 =7'hc0,                                    //0
reg1 =7'hf9,                                    //1
reg2 =7'ha4,                                    //2
reg3 =7'hb0,                                    //3
reg4 =7'h99,                                    //4
reg5 =7'h92,                                    //5
reg6 =7'h82,                                    //6
reg7 =7'hf8;                                    //7
always@ (num)
  begin
    case(num)
      3'd0: LEDAG <=reg0;
      3'd1: LEDAG <=reg1;
      3'd2: LEDAG <=reg2;
      3'd3: LEDAG <=reg3;
      3'd4: LEDAG <=reg4;
      3'd5: LEDAG <=reg5;
      3'd6: LEDAG <=reg6;
      3'd7: LEDAG <=reg7;
    endcase
  end
endmodule
```

5.6 实验九：4人抢答器的设计

5.6.1 实验目的

(1) 熟悉4人抢答器的工作原理。
(2) 加深对 Verilog HDL 的理解。
(3) 掌握 EDA 开发的基本流程。

5.6.2 实验原理

抢答器广泛地应用在各类竞赛性场景中,其应用消除了原来因人眼误差而未能正确判断最先抢答人的情况。

抢答器的原理比较简单,首先必须设置一个抢答允许标志位,用于允许或者禁止抢答者按按钮;如果抢答允许位有效,那么第一个抢答者按下的按钮就将其清除,同时记录按钮的序号,也就是对应的按按钮的人,以禁止后面再有人按下按钮。总的来说,抢答器的实现就是在抢答允许位有效后,第一个按下按钮的人将其清除,以禁止再有按钮按下,同时记录抢答允许位的按钮的序号并显示出来。

5.6.3 实验内容

本实验的目的是设计一个4人抢答器,用按键开关k5作为抢答允许按钮,用K1～K4表示1～4号抢答者,同时用LED模块的LED1～LED4分别表示抢答者对应的位子。具体要求为:按下k5一次,允许一次抢答,这时K1～K4中第一个按下的按键将抢答允许位清除,同时将对应的LED点亮,用来表示对应的按键抢答成功。数码管显示对应抢答成功者的号码。

5.6.4 实验步骤

(1) 打开 Quartus Ⅱ软件,新建一个工程。

(2) 工程建立完成后,新建一个 Verilog HDL File,打开 Verilog HDL 编辑器对话框。

(3) 按照实验原理,在 Verilog HDL 编辑窗口编写 Verilog HDL 程序,用户可参照光盘中提供的示例程序。

(4) 编写并保存 Verilog HDL 程序。

(5) 对所编写的 Verilog HDL 程序进行编译,并对程序的错误进行修改。

(6) 编译无误后,依照按键开关、LED、数码管与FPGA的引脚连接表或参照附录进行引脚分配。表5-6-1是示例程序的端口引脚分配表。分配完成后,再进行全编译一次,使引脚分配生效。

表 5-6-1 端口引脚分配表

端口名	使用模块信号	对应的 FPGA 引脚	说 明
S1	按键开关 K1	PIN_AC17	表示1号抢答者
S2	按键开关 K2	PIN_AF17	表示2号抢答者
S3	按键开关 K3	PIN_AD18	表示3号抢答者
S4	按键开关 K4	PIN_AH18	表示4号抢答者
S5	按键开关 k5	PIN_AA17	允许抢答位

续表

端口名	使用模块信号	对应的 FPGA 引脚	说　明
DOUT0	LED 模块 LED1	PIN_N4	1 号抢答者灯
DOUT1	LED 模块 LED2	PIN_N8	2 号抢答者灯
DOUT2	LED 模块 LED3	PIN_M9	3 号抢答者灯
DOUT3	LED 模块 LED4	PIN_N3	4 号抢答者灯
LEDAG0	数码管模块 A 段	PIN_AA12	抢答成功者号码显示
LEDAG1	数码管模块 B 段	PIN_AH11	
LEDAG2	数码管模块 C 段	PIN_AG11	
LEDAG3	数码管模块 D 段	PIN_AE11	
LEDAG4	数码管模块 E 段	PIN_AD11	
LEDAG5	数码管模块 F 段	PIN_AB11	
LEDAG6	数码管模块 G 段	PIN_AC11	

(7) 用下载电缆通过 JTAG 口将对应的 sof 文件加载到 FPGA 中，观察实验结果是否与预期的编程思想一致。

5.6.5　实验结果与现象

以设计的参考示例为例，当设计文件加载到目标器件后，拨动按键开关的 SW1 按键，表示开始抢答。然后，同时按下 K1～K4，首先按下的键的键值在数码管中显示出来，对应的 LED 灯被点亮。与此同时，其他按键失去抢答作用。

5.6.6　实验报告

记录实验原理、设计过程、编译结果和硬件测试结果。

参考实验例程：

```
module responder(
input      [3:0] S,
input             EA,
output reg [3:0] DOUT,
output reg [6:0] LEDAG
);
reg lock;                          //标志位,设计的关键,只有第一个抢答的人有效
parameter                          //共阳极数码管
reg0 =7'hff,                       //不显示
reg1 =7'hf9,                       //1
reg2 =7'ha4,                       //2
reg3 =7'hb0,                       //3
reg4 =7'h99;                       //4
```

```
always@ (* )
  begin
    if(!EA)
      begin
        DOUT <=4'b0000;
        lock <=1'b0;
        LEDAG <=reg0;
      end
    else if(!lock)
  begin
    if(S[0]==0)
      begin
        DOUT[0] <=1'b1;
        lock <=1'b1;
        LEDAG <=reg1;
      end
    if(S[1]==0)
      begin
        DOUT[1] <=1'b1;
        lock <=1'b1;
        LEDAG <=reg2;
      end
    if(S[2]==0)
      begin
        DOUT[2] <=1'b1;
        lock <=1'b1;
        LEDAG <=reg3;
      end
    if(S[3]==0)
      begin
        DOUT[3] <=1'b1;
        lock <=1'b1;
        LEDAG <=reg4;
      end
    end
  end
endmodule
```

5.7 实验十：8位8段数码管动态显示电路的设计

5.7.1 实验目的

（1）了解数码管的工作原理。

（2）学习8段数码管显示译码器的设计。

(3) 学习 Verilog HDL 的 CASE 语句及多层次设计方法。

5.7.2　实验原理

8段数码管是电子开发过程中常用的输出显示设备。本实验系统中使用的是两个四位一体、共阴极型8段数码管。静态8段数码管如图5-7-1所示。

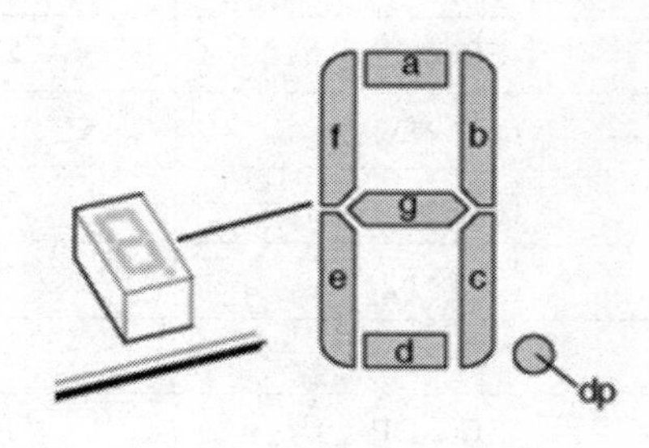

图 5-7-1　静态 8 段数码管

由于8段数码管公共端连接到GND(共阴极型),当数码管的其中一段被输入高电平时,该段被点亮,若输入低电平,则不亮。四位一体的8段数码管在单个静态数码管的基础上加入了用于选择哪一位数码管的位选信号端口。8个数码管的a、b、c、d、e、f、g、h、dp都连在一起,8个数码管分别由各自的位选信号控制,被选通的数码管显示数据,其余关闭。

5.7.3　实验内容

本实验的目的是在时钟信号的作用下,通过输入值控制数码管上显示的相应键值。在实验中,数字时钟选择1kHz为扫描时钟,将4个拨挡开关作为输入,当4个拨挡开关置为一个二进制数时,在数码管上显示其十六进制的值。实验箱中的拨挡开关与FPGA的接口电路,以及拨挡开关FPGA的引脚连接已在实验一中做了详细说明,这里不再赘述。数码管显示模块的电路原理如图5-7-2所示。数码管的输入与FPGA的引脚连接见表5-7-1。

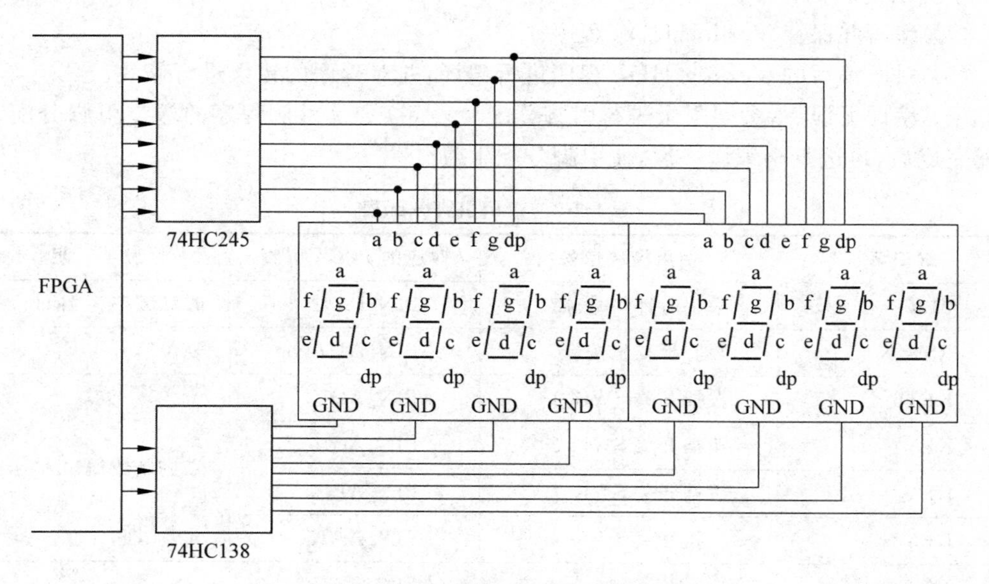

图 5-7-2　数码管显示模块的电路原理

表 5-7-1　数码管的输入与 FPGA 的引脚连接

信号名称	对应的 FPGA 引脚名	说　明
7SEG-A	PIN_K28	数码管 A 段输入信号
7SEG-B	PIN_K27	数码管 B 段输入信号
7SEG-C	PIN_K26	数码管 C 段输入信号
7SEG-D	PIN_K25	数码管 D 段输入信号
7SEG-E	PIN_K22	数码管 E 段输入信号
7SEG-F	PIN_K21	数码管 F 段输入信号
7SEG-G	PIN_L23	数码管 G 段输入信号
7SEG-DP	PIN_L22	数码管 dp 段输入信号
7SEG-SEL0	PIN_L24	数码管位选输入信号
7SEG-SEL1	PIN_M24	数码管位选输入信号
7SEG-SEL2	PIN_L26	数码管位选输入信号

5.7.4 实验步骤

(1) 打开 Quartus Ⅱ软件,新建一个工程。

(2) 工程建立完成后,新建一个 Verilog HDL File,打开 Verilog HDL 编辑器对话框。

(3) 按照实验原理,在 Verilog HDL 编辑窗口编写 Verilog HDL 程序,用户可参照附录中提供的示例程序。

(4) 编写并保存 Verilog HDL 程序。

(5) 对所编写的 Verilog HDL 程序进行编译,并对程序的错误进行修改。

(6) 编译无误后,参照附录进行引脚分配。表 5-7-2 是示例程序的端口引脚分配表。分配完成后,再进行全编译一次,使引脚分配生效。

表 5-7-2　端口引脚分配表

端口名	使用模块信号	对应的 FPGA 引脚	说　明
CLK	数字时钟信号源	PIN_L20	时钟频率为 1kHz
RST_N	核心板复位按键	PIN_AH14	复位信号
KEY0	拨挡开关 SWK_1	PIN_AD15	二进制数据输入
KEY1	拨挡开关 SWK_2	PIN_AC15	
KEY2	拨挡开关 SWK_3	PIN_AB15	
KEY3	拨挡开关 SWK_4	PIN_AA15	

续表

端口名	使用模块信号	对应的 FPGA 引脚	说　明
LEDAG0	数码管 A 段	PIN_K28	十六进制数据输出显示
LEDAG1	数码管 B 段	PIN_K27	
LEDAG2	数码管 C 段	PIN_K26	
LEDAG3	数码管 D 段	PIN_K25	
LEDAG4	数码管 E 段	PIN_K22	
LEDAG5	数码管 F 段	PIN_K21	
LEDAG6	数码管 G 段	PIN_L23	
DEL0	位选 DEL0	PIN_L24	位选信号
DEL1	位选 DEL1	PIN_M24	
DEL2	位选 DEL2	PIN_L26	

(7) 用下载电缆通过 JTAG 口将对应的 sof 文件加载到 FPGA 中，观察实验结果是否与预期的编程思想一致。

5.7.5　实验现象与结果

以设计的参考示例为例，当设计文件加载到目标器件后，将数字信号源模块的时钟选择为 1kHz，拨动 4 位拨挡开关，使其为一个数值，则 8 个数码管均显示拨挡开关所表示的十六进制的值。

5.7.6　实验报告

(1) 明确扫描时钟是如何工作的，改变扫描时钟会有什么变化。

(2) 记录实验原理、设计过程、编译结果、硬件测试结果。

参考实验例程：

```
`timescale 1 ns / 1 ps
 module scan_seg (
input    clk ,                          //时钟信号为 1 kHz
input    rst_n,                         //复位信号
input  [3:0] KEY,                       //二进制数据输入
output [2:0] SEL,                       //位选
output [6:0] SEG_display                //数据输出显示 LEDAG
);
display display0(clk,rst_n,KEY[3:0],SEG_display[6:0]);
sel_seg sel_seg0(clk,rst_n,SEL[2:0]);
endmodule
//* * * * * * 数据显示模块 * * * * * *
module display(
```

```
input    clk,
input    rst_n,
input    [3:0] KEY,
output reg [6:0] SEG_display
);
localparam
reg0=7'h3f,                          //0
reg1=7'h06,                          //1
reg2=7'h5b,                          //2
reg3=7'h4f,                          //3
reg4=7'h66,                          //4
reg5=7'h6d,                          //5
reg6=7'h7d,                          //6
reg7=7'h07,                          //7
reg8=7'h7f,                          //8
reg9=7'h6f,                          //9
reg10=7'h77,                         //a
reg11=7'h7c,                         //b
reg12=7'h39,                         //c
reg13=7'h5e,                         //d
reg14=7'h79,                         //e
reg15=7'h71;                         //f
always@ (posedge clk or negedge rst_n)
  if(!rst_n)
    SEG_display <=7'h00;
  else
    begin
      case (KEY)
        4'd0: SEG_display <=reg0;     //0
        4'd1: SEG_display <=reg1;     //1
        4'd2: SEG_display <=reg2;     //2
        4'd3: SEG_display <=reg3;     //3
        4'd4: SEG_display <=reg4;     //4
        4'd5: SEG_display <=reg5;     //5
        4'd6: SEG_display <=reg6;     //6
        4'd7: SEG_display <=reg7;     //7
        4'd8: SEG_display <=reg8;     //8
        4'd9: SEG_display <=reg9;     //9
        4'd10: SEG_display <=reg10;  //A
        4'd11: SEG_display <=reg11;  //b
        4'd12: SEG_display <=reg12;  //c
        4'd13: SEG_display <=reg13;  //d
        4'd14: SEG_display <=reg14;  //E
        4'd15: SEG_display <=reg15;  //F
        default: SEG_display <=7'b0000000;
      endcase
```

```
    end
  endmodule
//****循环位选模块*****
  module sel_seg(
  input                clk,
  input                rst_n,
  output reg [2:0] sel
  );
  reg [2:0] state;
  localparam
  sel0=3'b000,
  sel1=3'b001,
  sel2=3'b010,
  sel3=3'b011,
  sel4=3'b100,
  sel5=3'b101,
  sel6=3'b110,
  sel7=3'b111;
  always@ (posedge clk or negedge rst_n)
  if(!rst_n)
    state <=sel0;
  else
    case(state)
    sel0:
      begin
        sel <=3'b000;
        state <=sel1;
      end
    sel1:
      begin
        sel <=3'b001;
        state <=sel2;
      end
    sel2:
      begin
        sel <=3'b010;
        state <=sel3;
      end
    sel3:
      begin
        sel <=3'b011;
        state <=sel4;
      end
    sel4:
      begin
        sel <=3'b100;
```

```
        state <=sel5;
      end
    sel5:
      begin
        sel <=3'b101;
        state <=sel6;
      end
    sel6:
      begin
        sel <=3'b110;
        state <=sel7;
      end
    sel7:
      begin
        sel <=3'b111;
        state <=sel0;
      end
    endcase
endmodule
```

5.8 实验十一：矩阵键盘显示电路的设计

5.8.1 实验目的

(1) 了解 4×4 键盘扫描的原理。

(2) 进一步加深对数码管显示过程的理解。

(3) 了解对输入/输出端口的定义方法。

5.8.2 实验原理

实现键盘有两种方案：一种是采用现有的一些芯片实现键盘扫描；另一种是用软件实现键盘扫描。嵌入系统设计人员总是会关心产品成本。目前有很多芯片可以用来实现键盘扫描，但是键盘扫描的软件实现方法有助于缩减一个系统的重复开发成本，且只需要很少的 CPU 开销。嵌入式控制器的功能很强，可以充分利用这一资源。下面介绍软键盘的实现方案。

通常在一个键盘中使用一个瞬时接触开关，并且用如图 5-8-1 所示的简单电路，微处理器可以容易地检测到闭合。当开关打开时，通过处理器的 I/O 口的一个上拉电阻提供逻辑 1；当开关闭合时，处理器的 I/O 口的输入将被拉低得到逻辑 0。可是，开关并不完善，因为当按下或者释放开关时，并不能够产生一个明确的 1 或者 0。尽管触点可能看起来稳定而且很快地闭合，但与微处理器快速的运行速度相比，这种动作是比较慢的。当触点闭合时，其弹起就像一个球。弹起效果将产生如图 5-8-2 所示的几个脉冲。弹起的持续时间通常维持在 5～30ms。如果需要多个键，可以将每个开关连接到微处理器上每个键的输入端口。然而，当开关的数目增加时，这种方法将很快用尽所有的输入端口。

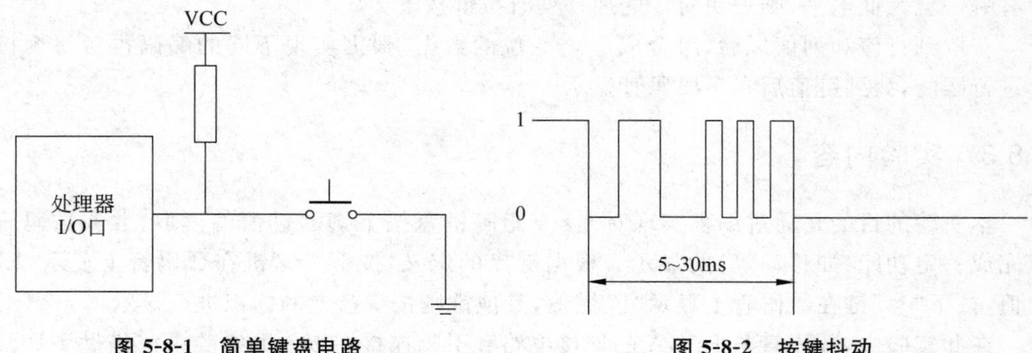

图 5-8-1 简单键盘电路　　　图 5-8-2 按键抖动

键盘上阵列这些开关最有效的方法（当需要 5 个以上的键时）形成了一个如图 5-8-3 所示的二维矩阵。当行和列的数目一样多时，也就是方形的矩阵，将产生一个最优化的布列方式（I/O 端被连接的时候），一个瞬时接触开关（按钮）放置在每一行与线一列的交叉点。矩阵所需的键的数目显然根据应用程序而不同。每一行由一个输出端口的一位驱动，而每一列由一个电阻器上拉且供给输入端口一位。

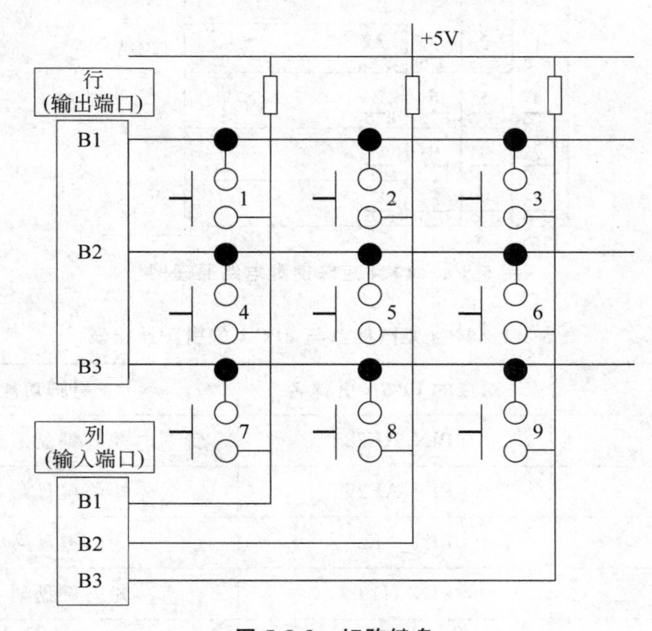

图 5-8-3 矩阵键盘

键盘扫描的实现过程如下：对于 4×4 的键盘，通常连接为 4 行、4 列，因此，要识别按键，只知道是哪一行和哪一列即可，为了完成这一识别过程，首先固定输出 4 行为高电平，其次输出 4 列为低电平，最后读入输出的 4 行的值。通常，高电平会被低电平拉低，如果读入的 4 行均为高电平，则表明没有按键按下，否则，如果读入的 4 行有一位为低电平,那么对应的该行肯定有一个按键按下,这样便可以获取到按键的行值。同理,获取列值也是如此,首先输出4列为高电平,其次输出4行为低电平,最后再读入列值,如果其中有哪一位为低电平,则表明对应的那一列有按键按下。

获取到行值和列值以后,组合成一个8位的数据,根据实现不同的编码再对每个按键进行匹配,找到键值后在7段码管显示。

5.8.3 实验内容

本实验的目的是通过编程实现对4×4矩阵键盘按下键的键值的读取,并在数码管上完成一定功能(如移动等)的显示。根据键盘的定义,按下"*"键在数码管上显示"E"键值,按下"#"键在数码管上显示"F"键值,其他键则按键盘上的标识进行显示。

在此实验中,数码管与FPGA的连接电路和引脚连接在以前的实验中已经做了详细说明,这里不再赘述。本实验箱上的4×4矩阵键盘电路原理图如图5-8-4所示,与FPGA的引脚连接见表5-8-1。

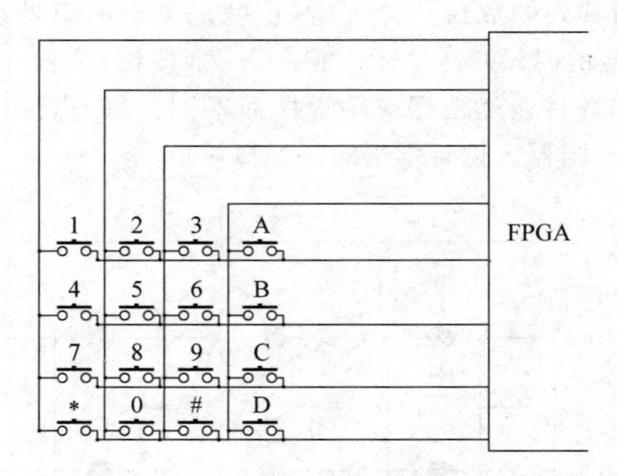

图 5-8-4 4×4 矩阵键盘电路原理图

表 5-8-1 4×4 矩阵键盘与 FPGA 的引脚连接表

信号名称	对应的 FPGA 引脚名	引脚功能说明
KEY-C0	PIN_AE28	矩阵键盘第1列选择
KEY-C1	PIN_AE26	矩阵键盘第2列选择
KEY-C2	PIN_AE24	矩阵键盘第3列选择
KEY-C3	PIN_H19	矩阵键盘第4列选择
KEY-R0	PIN_AG26	矩阵键盘第1行选择
KEY-R1	PIN_AH26	矩阵键盘第2行选择
KEY-R2	PIN_AA23	矩阵键盘第3行选择
KEY-R3	PIN_AB23	矩阵键盘第4行选择

5.8.4 实验步骤

(1) 打开 Quartus Ⅱ软件,新建一个工程。

(2) 工程建立完成后,新建一个 Verilog HDL File,打开 Verilog HDL 编辑器对话框。

(3) 按照实验原理,在 Verilog HDL 编辑窗口编写 Verilog HDL 程序,用户可参照附录中提供的示例程序。

(4) 编写并保存 Verilog HDL 程序。

(5) 对所编写的 Verilog HDL 程序进行编译,并对程序的错误进行修改。

(6) 编译无误后,参照附录进行引脚分配。表 5-8-2 是示例程序的引脚分配表。分配完成后,再进行全编译一次,使引脚分配生效。

表 5-8-2 引脚分配表

端口名	使用模块信号	对应的 FPGA 引脚名	引脚功能说明
CLK	数字时钟信号源	PIN_L20	时钟信号为 1kHz
RST_N	复位按键	PIN_AH14	复位按键
KR0	4×4 矩阵键盘 R0	PIN_AG26	矩阵键盘行信号
KR1	4×4 矩阵键盘 R1	PIN_AH26	
KR2	4×4 矩阵键盘 R2	PIN_AA23	
KR3	4×4 矩阵键盘 R3	PIN_AB23	
KC0	4×4 矩阵键盘 C0	PIN_AE28	矩阵键盘列信号
KC1	4×4 矩阵键盘 C1	PIN_AE26	
KC2	4×4 矩阵键盘 C2	PIN_AE24	
KC3	4×4 矩阵键盘 C3	PIN_H19	
A	数码管模块 A 段	PIN_AA12	键值显示
B	数码管模块 B 段	PIN_AH11	
C	数码管模块 C 段	PIN_AG11	
D	数码管模块 D 段	PIN_AE11	
E	数码管模块 E 段	PIN_AD11	
F	数码管模块 F 段	PIN_AB11	
G	数码管模块 G 段	PIN_AC11	

(7) 用下载电缆通过 JTAG 口将对应的 sof 文件加载到 FPGA 中,观察实验结果是否与预期的编程思想一致。

5.8.5 实验结果与现象

以设计的参考示例为例，当设计文件加载到目标器件后，将数字信号源模块的时钟选择为1kHz，按下矩阵键盘的某一个键，在数码管上显示对应于这个按键标识的键值，当再按下第二个键时，前一个键的键值在数码管上左移一位。按下"＊"键在数码管上显示"E"键值，按下"＃"键在数码管上显示"F"键值。

5.8.6 实验报告

(1) 试思考还有哪些方法可以实现键盘的扫描显示，并画出流程图。

(2) 记录实验原理、设计过程、编译结果、硬件测试结果。

参考实验例程：

```
'timescale 1ns/1ps
module key_scan(
input           rst_n,
input           clk,                    //全局时钟 1kHz
input    [3:0] row,                     //行检测输入
output   [3:0] col,
output   [6:0] seg_num
);
wire [3:0] state;
wire [3:0] key_num;
key_filter    filter0(clk,rst_n,row[0],state[0]);
key_filter    filter1(clk,rst_n,row[1],state[1]);
key_filter    filter2(clk,rst_n,row[2],state[2]);
key_filter    filter3(clk,rst_n,row[3],state[3]);
matrixKeyboard_drive
maxtirKeyboard_dri(clk,rst_n,state[3:0],col[3:0],key_num[3:0]);
scan_seg scan_seg(clk,rst_n,key_num[3:0],seg_num[6:0]);
endmodule
//＊＊＊＊＊＊＊＊＊按键消抖模块＊＊＊＊＊＊＊＊＊
module key_filter(
input       clk,
input       rst_n,
input       key_in,
output reg key_state);
localparam                              //状态机定义
IDEL       =4'b0001,                    //按键高电平稳定状态
FILTER0    =4'b0010,                    //按键按下抖动期
DOWN       =4'b0100,                    //按键低电平稳定状态
FILTER1    =4'b1000;                    //按键抬起抖动期
reg [3:0]state;
```

```
reg [19:0]cnt;
reg en_cnt;                              //使能计数寄存器
//* * *对外部输入的异步信号进行同步处理* * * *
reg key_in_sa,key_in_sb;
always@ (posedge clk or negedge rst_n)
if(!rst_n)
  begin
    key_in_sa <=1'b0;
    key_in_sb <=1'b0;
  end
else
  begin
    key_in_sa <=key_in;
    key_in_sb <=key_in_sa;
  end
    reg key_tmpa,key_tmpb;
    wire pedge,nedge;
    reg cnt_full;                        //计数满标志信号
//使用D触发器存储两个相邻时钟上升沿时外部输入信号的电平状态
always@ (posedge clk or negedge rst_n)
if(!rst_n)
  begin
    key_tmpa <=1'b0;
    key_tmpb <=1'b0;
  end
else
  begin
    key_tmpa <=key_in_sb;
    key_tmpb <=key_tmpa;
  end
//产生跳变沿信号
assign nedge =!key_tmpa & key_tmpb;
assign pedge =key_tmpa & (!key_tmpb);
always@ (posedge clk or negedge rst_n)
if(!rst_n)
  begin
    en_cnt <=1'b0;
    state <=IDEL;
    key_state <=1'b1;
  end
else
  begin
    case(state)
      IDEL :
```

```
    begin
      if(nedge)
        begin
          state <=FILTER0;
          en_cnt <=1'b1;
        end
        else
          state <=IDEL;
      end
FILTER0:
        if(cnt_full)
          begin
            key_state <=1'b0;
            en_cnt <=1'b0;
            state <=DOWN;
          end
        else if(pedge)
          begin
            state <=IDEL;
            en_cnt <=1'b0;
          end
        else
            state <=FILTER0;
DOWN:
  begin
    if(pedge)
        begin
          state <=FILTER1;
          en_cnt <=1'b1;
        end
      else
 state <=DOWN;
      end
FILTER1:
    if(cnt_full)
      begin
      key_state <=1'b1;
      en_cnt <=1'b0;
      state <=IDEL;
     end
    else if(nedge)
      begin
      en_cnt <=1'b0;
      state <=DOWN;
```

```
        end
       else
          state <=FILTER1;
    default:
         begin
          state <=IDEL;
          en_cnt <=1'b0;
          key_state <=1'b1;
         end
    endcase
  end
    //* * * * * * *计数器* * * * * * *
  always@ (posedge clk or negedge rst_n)
    if(!rst_n)
      cnt <=20'd0;
    else if(en_cnt)
      cnt <=cnt +1'b1;
    else
      cnt <=20'd0;
    //* * * * * * *计数器计满数标志位输出* * * * * * *
    always@ (posedge clk or negedge rst_n)
    if(!rst_n)
      cnt_full <=1'b0;
    else if(cnt ==5)
      cnt_full <=1'b1;
    else
      cnt_full <=1'b0;
endmodule
//* * * * *数码管显示模块* * * * * * *
module scan_seg (
input               clk ,
input               rst_n,
input        [3:0] SEG_num,
output reg [6:0] SEG_display
);
parameter                               //共阳极数码管编码
reg0=7'hc0,
reg1=7'hf9,
reg2=7'ha4,
reg3=7'hb0,
reg4=7'h99,
reg5=7'h92,
reg6=7'h82,
reg7=7'hf8,
```

```
reg8=7'h80,
reg9=7'h90,
reg10=7'h88,
reg11=7'h83,
reg12=7'hc6,
reg13=7'ha1,
reg14=7'h86,
reg15=7'h8e;
always@  (posedge clk or negedge rst_n)
  if(!rst_n)
    SEG_display <=7'hff;              //不显示
    else
      case(SEG_num)
        4'd0:  SEG_display <=reg0;   //0
        4'd1:  SEG_display <=reg1;   //1
        4'd2:  SEG_display <=reg2;   //2
        4'd3:  SEG_display <=reg3;   //3
        4'd4:  SEG_display <=reg4;   //4
        4'd5:  SEG_display <=reg5;   //5
        4'd6:  SEG_display <=reg6;   //6
        4'd7:  SEG_display <=reg7;   //7
        4'd8:  SEG_display <=reg8;   //8
        4'd9:  SEG_display <=reg9;   //9
        4'd10: SEG_display <=reg10;  //A
        4'd11: SEG_display <=reg11;  //b
        4'd12: SEG_display <=reg12;  //c
        4'd13: SEG_display <=reg13;  //d
        4'd14: SEG_display <=reg14;  //E
        4'd15: SEG_display <=reg15;  //F
        default: SEG_display <=7'hff;
    endcase
  endmodule
//********键盘扫描控制模块*********
module matrixKeyboard_drive(
input            clk,
input            rst_n,
input      [3:0] row,                 //矩阵键盘行
output reg [3:0] col,                 //矩阵键盘列
output reg [3:0] key_value            //键盘值
);
reg key_flag;
reg [2:0] state;
reg [3:0] col_reg;                    //寄存扫描列值
reg [3:0] row_reg;                    //寄存扫描行值
```

```
always @ (posedge clk or negedge rst_n)
  if(!rst_n)
    begin
      col<=4'b0000;
      state<=3'd0;
    end
  else
    begin
      case(state)
        3'd0:
          begin
          col[3:0]<=4'b0000;
          key_flag<=1'b0;
          if(row[3:0]!=4'b1111)
            begin
              state<=3'd1;
              col[3:0]<=4'b1110;
              end                           //有键按下,扫描第一行
              else
                state<=3'd0;
          end
        3'd1:
          begin
            if(row[3:0]!=4'b1111)
              begin
                state<=3'd5;
              end                           //判断是否是第一行
            else
              begin
                state<=3'd2;
                col[3:0]<=4'b1101;
        end                                 //扫描第二行
      end
  3'd2:
    begin
      if(row[3:0]!=4'b1111)
        begin
          state<=3'd5;
        end                                 //判断是否是第二行
      else
        begin
          state<=3'd3;
          col[3:0]<=4'b1011;
        end                                 //扫描第三行
```

```
      end
    3'd3:
      begin
        if(row[3:0]!=4'b1111)
          begin
            state<=3'd5;
          end                                //判断是否是第三行
        else
          begin
            state<=3'd4;
            col[3:0]<=4'b0111;
          end                                //扫描第四行
      end
    3'd4:
      begin
        if(row[3:0]!=4'b1111)
          begin
            state<=3'd5;
          end                                //判断是否是第四行
          else
            state<=3'd0;
      end
    3'd5:
            begin
            if(row[3:0]!=4'b1111)
              begin
              col_reg<=col;            //保存扫描列值
              row_reg<=row;            //保存扫描行值
              state<=3'd5;
              key_flag<=1'b1;          //有键按下
              end
            else
                state<=3'd0;
          end
            endcase
      end
  always@ (posedge clk)
    begin
      if(key_flag==1'b1)
        begin
          case ({col_reg,row_reg})
            8'b1110_1110:key_value<=0;
            8'b1110_1101:key_value<=1;
            8'b1110_1011:key_value<=2;
```

```
            8'b1110_0111:key_value<=3;
            8'b1101_1110:key_value<=4;
            8'b1101_1101:key_value<=5;
            8'b1101_1011:key_value<=6;
            8'b1101_0111:key_value<=7;
            8'b1011_1110:key_value<=8;
            8'b1011_1101:key_value<=9;
            8'b1011_1011:key_value<=10;
            8'b1011_0111:key_value<=11;
            8'b0111_1110:key_value<=12;
            8'b0111_1101:key_value<=13;
            8'b0111_1011:key_value<=14;
            8'b0111_0111:key_value<=15;
        endcase
      end
  end
endmodule
```

第6章 chapter 6

基于 FPGA 的 EDA/SOPC 系统的课程设计实验

6.1 实验十二：可控脉冲发生器的设计

6.1.1 实验目的

（1）了解可控脉冲发生器的实现机理。

（2）学会用示波器观察 FPGA 产生的信号。

（3）学习用 Verilog HDL 编写能实现复杂功能的代码。

6.1.2 实验原理

脉冲发生器用于产生一个脉冲波形，而可控脉冲发生器则是用来产生一个周期和占空比可变的脉冲波形。可控脉冲发生器的实现原理比较简单，可以理解为一个计数器对输入的时钟信号进行分频的过程。通过改变计数器的上限值改变周期，通过改变电平翻转的阈值改变占空比。

6.1.3 实验内容

本实验的目的是设计一个可控的脉冲发生器，要求输出的脉冲波的周期和占空比都可变。在实验过程中，时钟信号选用时钟模块中的 1MHz 时钟，用按键模块的 S1 和 S5 控制脉冲波的周期，每次按下 S1，N 会在慢速时钟作用下递增 1，每次按下 S5，N 会在慢速时钟作用下递减 1。用 S2 和 S6 控制脉冲波的占空比，每次按下 S2，M 会在慢速时钟作用下递增 1，每次按下 S6，M 会在慢速时钟作用下递减 1，S8 用作复位信号，当按下 S8 时，复位 FPGA 内部的脉冲发生器模块。脉冲波的输出直接与实验箱观测模块的探针 OUT1 相连，通过示波器观察输出波形的改变。

6.1.4 实验步骤

（1）打开 Quartus Ⅱ 软件，新建一个工程。

(2) 工程建立完成，新建一个 Verilog HDL File，打开 Verilog HDL 编辑器对话框。

(3) 按照实验原理，在 Verilog HDL 编辑窗口编写 Verilog HDL 程序。

(4) 编写并保存 Verilog HDL 程序。

(5) 对所编写的 Verilog HDL 程序进行编译并仿真，并对程序的错误进行修改。

(6) 编译无误后，参照附录进行引脚分配。表 6-1-1 是示例程序的端口引脚分配表。分配完成后，再进行一次全编译，使引脚分配生效。

表 6-1-1 端口引脚分配表

端口名	使用模块信号	对应的 FPGA 引脚	说　明
CLK	数字信号源	PIN_L20	时钟信号为 1MHZ
NU	按键开关 K1	PIN_AC17	频率控制/增加
ND	按键开关 K5	PIN_AA17	频率控制/减少
MU	按键开关 K2	PIN_AF17	占空比控制/增加
MD	按键开关 K6	PIN_AE17	占空比控制/减少
RST	按键开关 K8	PIN_AF18	复位控制
FOUT	输出观测模块	PIN_C15	示波器观测点

(7) 用下载电缆通过 JTAG 口将对应的 sof 文件加载到 FPGA 中，观察实验结果是否与预期的编程思想一致。

6.1.5 实验结果与现象

以设计的参考示例为例，当设计文件加载到目标器件后，将数字信号源模块的时钟选择为 1MHz，按下按键开关模块的 K8 按键，再输出观测模块，通过示波器可以观测到一个频率约为 1kHz、占空比为 50%的矩形波。按下 K1 键或者 K5 键，该矩形波的频率会发生相应的增加或者减少。按下 K2 键或者 K6 键，该矩形波的占空比会相应地增加或减少。

6.1.6 实验报告

(1) 在此实验的基础上重新设计，使程序改变频率时不会影响占空比的改变。

(2) 记录实验原理、设计过程、编译结果、硬件测试结果。

6.2 实验十三：16×16 点阵显示实验

6.2.1 实验目的

(1) 了解点阵字符的产生和显示原理，以及系统的 16×16 点阵的工作机理。

(2) 掌握 FPGA 对 75HC595 芯片的控制原理。

6.2.2 实验原理

本实验的目的是要完成汉字字符在 LED 上的显示，16×16 扫描 LED 点阵的工作原理与 8 位扫描数码管类似，只是显示的方式与结果不一样。下面就本实验系统的 16×16 点阵的工件原理做一些简单说明。

16×16 点阵由此 256 个 LED 通过排列组合形成 16 行×16 列的一个矩阵式的 LED 阵列，俗称 16×16 点阵。单个 LED 电路图如图 6-2-1 所示。

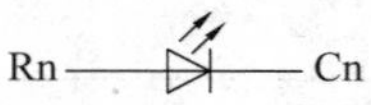

Rn Cn

图 6-2-1 单个 LED 电路图

由图 6-2-1 可知，对于单个 LED 电路图，当 Rn 输入一个高电平，同时 Cn 输入一个低电平时，电路形成一个回路，LED 发光，即 LED 点阵对应的这个点被点亮。16×16 点阵由 16 行和 16 列的 LED 组成，其中每一行的所有 16 个 LED 的 Rn 端并联在一起，每一列的所有 16 个 LED 的 Cn 端并联在一起。给 Rn 输入一个高电平，相当于给这一列的所有 LED 输入了一个高电平，这时只要某个 LED 的 Cn 端输入一个低电平，其对应的 LED 就会被点亮，具体的电路如图 6-2-2 所示。

在点阵上显示的字符是根据该字符在点阵上显示点的亮和灭表示的，如图 6-2-3 所示。

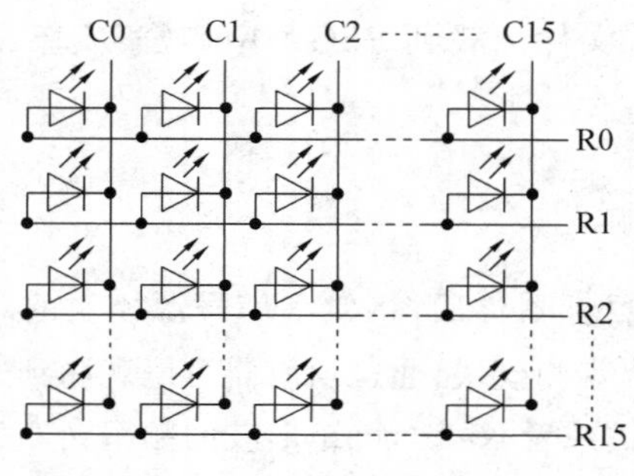

图 6-2-2 16×16 点阵电路原理图

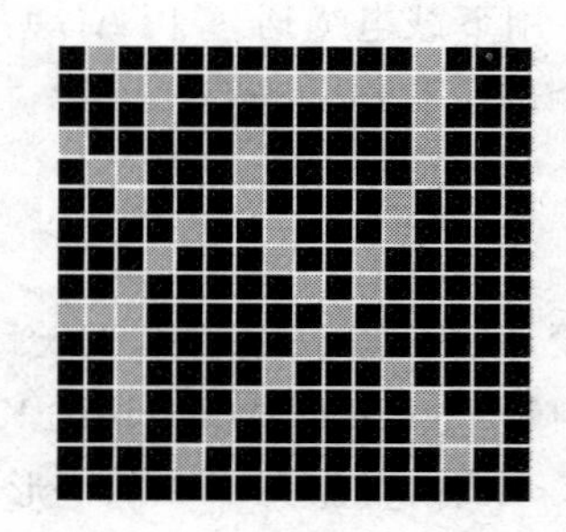

图 6-2-3 字符在点阵上的显示

图 6-2-3 中显示的是一个“汉”字，根据前面介绍的点阵的显示原理，只要将“汉”字覆盖区域的点点亮，则在点阵中就会显示一个“汉”字。

当选中第一列后，将要显示“汉”字的第一列中所需要被点亮的点对应的 Rn 置为高电平，则在第一列中需要被点亮的点就会被点亮。以此类推，显示第二列、第三列、……、第 N 列中需要被点亮的点。然后根据人眼的视觉原理，将每一列显示的点的间隔时间设为一定的值，那么，通过眼睛就会看到一个完整的不闪烁的汉字。同理，也可以按照这个原理显示其他汉字。图 6-2-4 是一个汉字显示所需要的时序图。

在图 6-2-4 中，在系统时钟的作用下，首先选取其中一列，将数据输入让这列的 LED 显示其数据(当为高电平时 LED 发光，否则不发光)，再选取下一列显示下一列数据。当完成一个 16×16 点阵的数据输入时，即列选择计数到最后一列后，再从第一列开始输入相同的数据。这样，只要第一次显示第一列的数据和第二次显示第一列的数据的时间足

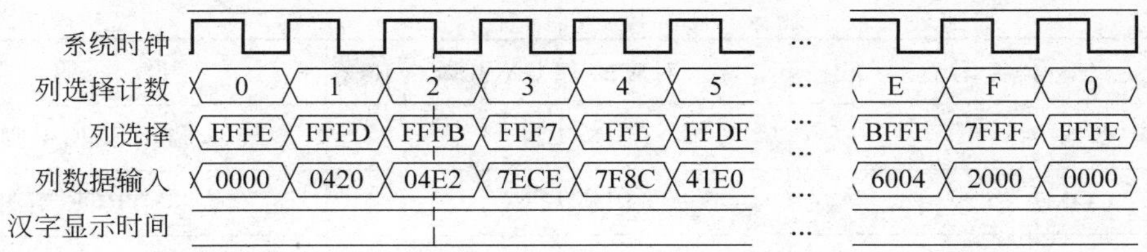

系统时钟
列选择计数 0 1 2 3 4 5 … E F 0
列选择 FFFE FFFD FFFB FFF7 FFFE FFDF … BFFF 7FFF FFFE
列数据输入 0000 0420 04E2 7ECE 7F8C 41E0 … 6004 2000 0000
汉字显示时间

图 6-2-4 显示时序图

够短,人的眼睛就会看到第一列数据总是显示的,没有停顿现象,其他列显示同理,直到显示下一个汉字。

在实际运用中,一个汉字是由多个 8 位数据构成的,当要显示多个汉字时,这些数据可以根据一定的规则存放到存储器中,当要显示这个汉字时,只要将存储器中对应的数据取出显示即可。

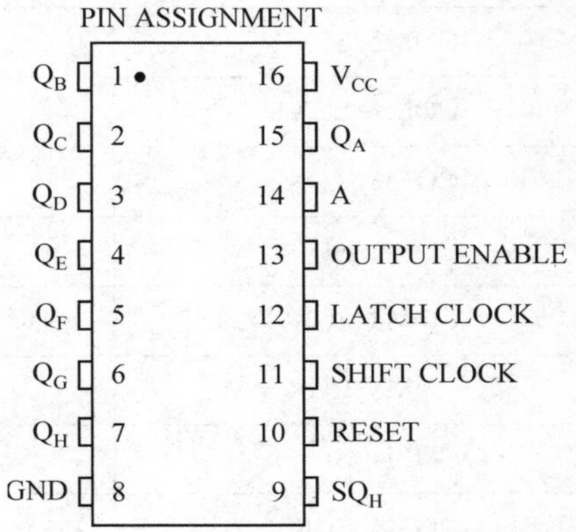

在本实验箱中,由 4 片 8×8 双色点阵构成一片 16×16 双色点阵阵列,采用 6 片 74HC595 作为控制器。74HC595 电路结构如图 6-2-5 所示。

PIN ASSIGNMENT
Q_B 1 • 16 V_{CC}
Q_C 2 15 Q_A
Q_D 3 14 A
Q_E 4 13 OUTPUT ENABLE
Q_F 5 12 LATCH CLOCK
Q_G 6 11 SHIFT CLOCK
Q_H 7 10 RESET
GND 8 9 SQ_H

图 6-2-5 75HC595 电路结构

74HC595 是串行转并行的芯片,可以多级级联,输入需要 3 个端口。

(1) DS(SER):串行数据输入端。

(2) SH(SRCLK):串行时钟输入端。

(3) ST(RCLK)(LATCH):锁存端。

写入数据原理,SRCLK 输入时钟信号,为输入数据提供时间基准,跟随时钟信号输入对应的数据信号,输入全部完毕后,控制锁存端,把串行输入的数据锁存到输出端并保持不变。更多参数请参考数据手册。

6.2.3 实验内容

本实验的目的是通过编程实现对 16×16 点阵的控制,在点阵模块中显示汉字“百”。

16×16 点阵的电路原理在前面已经做了详尽的说明,在此实验中,16×16 点阵由 4 个 8×8 点阵组成。16×16 点阵与 FPGA 的引脚连接表见表 6-2-1。

表 6-2-1 16×16 点阵与 FPGA 的引脚连接表

信号名称	对应的 FPGA 引脚	说明
R_RCK	PIN_P25	595 芯片 RCK 引脚
R_SI	PIN_P26	595 芯片 SI 引脚
R_SCK	PIN_P28	595 芯片 SCK 引脚
G_RCK	PIN_L28	595 芯片 RCK 引脚
G_SI	PIN_L25	595 芯片 SI 引脚

续表

信号名称	对应的 FPGA 引脚	说明
G_SCK	PIN_L27	595 芯片 SCK 引脚
COM1_RCK	PIN_J22	595 芯片 RCK 引脚
COM1_SI	PIN_J19	595 芯片 SI 引脚
COM1_SCK	PIN_J23	595 芯片 SCK 引脚
COM2_RCK	PIN_N26	595 芯片 RCK 引脚
COM2_SI	PIN_P27	595 芯片 SI 引脚
COM2_SCK	PIN_N25	595 芯片 SCK 引脚
COM3_RCK	PIN_M25	595 芯片 RCK 引脚
COM3_SI	PIN_M28	595 芯片 SI 引脚
COM3_SCK	PIN_M26	595 芯片 SCK 引脚
COM4_RCK	PIN_M23	595 芯片 RCK 引脚
COM4_SI	PIN_M27	595 芯片 SI 引脚
COM4_SCK	PIN_M21	595 芯片 SCK 引脚

6.2.4 实验步骤

(1) 打开 Quartus Ⅱ软件,新建一个工程。

(2) 工程建立完成后,新建一个 Verilog HDL File,打开 Verilog HDL 编辑器对话框。

(3) 按照实验原理,在 Verilog HDL 编辑窗口编写 Verilog HDL 程序。

(4) 编写并保存 Verilog HDL 程序。

(5) 对所编写的 Verilog HDL 程序进行编译,并对程序的错误进行修改。

(6) 编译无误后,参照附录或表 6-2-1 进行引脚分配。分配完成后,再进行全编译一次,使引脚分配生效。

(7) 用下载电缆通过 JTAG 口将对应的 sof 文件加载到 FPGA 中,观察实验结果是否与预期的编程思想一致。

6.2.5 实验结果与现象

以设计的参考示例为例,当设计文件加载到目标器件后,将数字信号源模块的时钟选择为 24MHz,在点阵模块中显示汉字"百"。

6.2.6 实验报告

(1) 在此程序的基础上写出其他汉字的字库,并在点阵上显示出来。

(2) 思考怎样让汉字旋转和左右移动。

(3) 试利用 FPGA 的 ROM 存储字库,再进行调用,编写程序。

6.3 实验十四: 交通灯控制电路实验

6.3.1 实验目的

(1) 了解交通灯的亮灭规律。

(2) 了解交通灯控制器的工作原理。

(3) 熟悉 Verilog HDL 编程,了解实际设计中的优化方案。

6.3.2 实验原理

交通灯具有多种应用场景,如十字路口、丁字路口等,对于同一个路口,有很多不同的显示要求,如十字路口,车辆如果只在东西和南北方向通行就很简单。若需要单独指引车辆左右转弯通行就比较复杂,本实验仅针对最简单的南北和东西直行的情况。

要完成本实验,首先需要了解交通灯的亮灭规律。本实验需要用到实验箱上交通灯模块中的发光二极管,即红、黄、绿各 3 个。我国交通规定,"红灯停,绿灯行,黄灯提醒"。交通灯的亮灭规律为:初始态是两个路口的红灯全亮,当东西路口的绿灯亮,南北路口的红灯亮,东西方向通车,延时一段时间后,东西路口绿灯灭,黄灯开始闪烁。闪烁若干次后,东西路口红灯亮,同时南北路口的绿灯亮,南北方向开始通车,延时一段时间后,南北路口的绿灯灭,黄灯开始闪烁。闪烁若干次后,再切换到东西路口方向,重复上述过程。

在实验中使用 8 个数码管中的任意两个数码管显示时间。东西路和南北路的通车时间均设定为 20s。数码管的时间总显示为 19,18,17,…,2,1,0,19,18…。当显示时间小于 3s 时,通车方向的黄色交通灯闪烁。

6.3.3 实验内容

本实验的目的是设计一个简单的交通灯控制器,交通灯通过实验箱中的交通灯模块和数码管中的任意两个显示。系统时钟选择时钟模块的 1kHz 时钟,黄灯闪烁时钟要求为 2Hz,数码管的时间显示为 1Hz 脉冲,即每 1s 中递减一次,在显示时间小于 3s 时,通车方向的黄灯以 2Hz 的频率闪烁。系统中用 K1 按键进行复位。

交通灯模块的电路原理与LED灯模块的电路原理一致，当有高电平输入时，LED灯会被点亮，反之不亮，LED发出的光有颜色之分。交通灯模块与FPGA的引脚连接表见表6-3-1。

表6-3-1 交通灯模块与FPGA的引脚连接表

信号名称	对应的FPGA引脚	说　明
R1	PIN_AF23	横向红色交通信号LED灯
Y1	PIN_V20	横向黄色交通信号LED灯
G1	PIN_AG22	横向绿色交通信号LED灯
R2	PIN_AE22	纵向红色交通信号LED灯
Y2	PIN_AC22	纵向黄色交通信号LED灯
G2	PIN_AG21	纵向绿色交通信号LED灯

6.3.4 实验步骤

(1) 打开Quartus Ⅱ软件，新建一个工程。

(2) 工程建立完成后，新建一个Verilog HDL File，打开Verilog HDL编辑器对话框。

(3) 按照实验原理，在Verilog HDL编辑窗口编写Verilog HDL程序。

(4) 编写并保存Verilog HDL程序。

(5) 对所编写的Verilog HDL程序进行编译，对程序的错误进行修改，直到完全通过。

(6) 编译无误后，依照按键开关、数字信号源、数码管与FPGA的引脚连接表或参照附录进行引脚分配。表6-3-2是示例程序的端口引脚分配表。分配完成后，再进行全编译一次，使引脚分配生效。

表6-3-2 端口引脚分配表

<table>
<tr><th>端口名</th><th>使用模块信号</th><th>对应的FPGA引脚</th><th>说　明</th></tr>
<tr><td>CLK</td><td>数字信号源</td><td>PIN_L20</td><td>时钟信号为1kHz</td></tr>
<tr><td>RST</td><td>按键开关K1</td><td>PIN_AC17</td><td>复位信号</td></tr>
<tr><td>R1</td><td>交通灯模块横向红色</td><td>PIN_AF23</td><td rowspan="6">交通信号灯</td></tr>
<tr><td>Y1</td><td>交通灯模块横向黄色</td><td>PIN_V20</td></tr>
<tr><td>G1</td><td>交通灯模块横向绿色</td><td>PIN_AG22</td></tr>
<tr><td>R2</td><td>交通灯模块纵向红色</td><td>PIN_AE22</td></tr>
<tr><td>Y2</td><td>交通灯模块纵向黄色</td><td>PIN_AC22</td></tr>
<tr><td>G2</td><td>交通灯模块纵向绿色</td><td>PIN_AG21</td></tr>
</table>

续表

端口名	使用模块信号	对应的 FPGA 引脚	说　　明
DISPLAY0	数码管 A 段	PIN_K28	通行时间显示
DISPLAY1	数码管 B 段	PIN_K27	
DISPLAY2	数码管 C 段	PIN_K26	
DISPLAY3	数码管 D 段	PIN_K25	
DISPLAY4	数码管 E 段	PIN_K22	
DISPLAY5	数码管 F 段	PIN_K21	
DISPLAY6	数码管 G 段	PIN_L23	
SEG-SEL0	位选 DEL0	PIN_L24	
SEG-SEL1	位选 DEL1	PIN_M24	
SEG-SEL2	位选 DEL2	PIN_L26	

(7) 用下载电缆通过 JTAG 口将对应的 sof 文件加载到 FPGA 中，观察实验结果是否与预期的编程思想一致。

6.3.5 实验结果与现象

以设计的参考示例为例，当设计文件加载到目标器件后，将时钟设定为 1kHz。交通灯模块的红、绿、黄 LED 发光管会模拟实际中交通信号灯的变化。此时，数码管上显示通行时间的倒计时。当倒计时到 5s 时，黄灯开始闪烁，到 0s 时红绿灯开始转换，倒计时的时间恢复至 20s。按下按键开关 K1，则从头开始显示和计数。

6.3.6 实验报告

(1) 试编写能手动控制交通灯通行时间的交通灯控制器。

(2) 记录实验原理、设计过程、编译结果、硬件测试结果。

6.4 实验十五：多功能数字钟的设计

6.4.1 实验目的

(1) 了解数字钟的工作原理。

(2) 进一步熟悉用 Verilog HDL 编写驱动数码管显示的代码。

(3) 掌握 Verilog HDL 编写中的一些小技巧。

6.4.2 实验原理

多功能数字钟应该具备显示时-分-秒、整点报时、小时和分钟调整等基本功能。根据钟表的工作机理,钟表的工作在1Hz信号的作用下进行,每来一个时钟信号,秒增加1,当秒从59跳转到00时,分钟增加1,同理,当分钟从59跳转到00时,小时增加1。需要注意的是,小时的范围是0～23。

在实验中为了便于显示,由于分钟和秒钟显示的范围都是0～59,因此可以用一个3位二进制码显示十位,用一个四位二进制码(BCD码)显示个位。而小时的范围是0～23,因此可以用一个2位二进制码显示十位,用4位二进制码(BCD码)显示个位。

由于实验中数码管是以扫描的方式显示,虽然时钟需要的是1Hz时钟信号,但是扫描却需要一个比较高频率的信号。为了得到准确的1Hz信号,必须对输入的系统时钟进行分频。

对于整点报时功能,用户可以根据系统的硬件结构和自身的具体要求设计。本实验设计的数字钟是在整点倒计时5s时,通过LED的闪烁对整点报时进行提示。

6.4.3 实验内容

本实验的目的是设计一个多功能数字钟,要求显示格式为小时-分钟-秒钟,具有整点报时功能,报时时间为5s,即从整点前5秒钟开始进行报时提示,此时开始LED闪烁,过整点后,LED停止闪烁。系统时钟选择实验箱中时钟模块的10kHz,要得到1Hz时钟信号,必须对系统时钟进行10 000次分频。调整时间的按键用实验箱中按键模块的S1和S2,S1调节小时,每按下一次,小时增加一个小时,S2调整分钟,每按下一次,分钟增加一分钟。另外,用S8按键作为系统时钟复位,复位后全部显示00-00-00。

6.4.4 实验步骤

(1) 打开Quartus Ⅱ软件,新建一个工程。

(2) 工程建立完成后,新建一个Verilog HDL File,打开Verilog HDL编辑器对话框。

(3) 按照实验原理,在Verilog HDL编辑窗口编写Verilog HDL程序。

(4) 编写并保存Verilog HDL程序。

(5) 对所编写的Verilog HDL程序进行编译并仿真,对程序的错误进行修改,直到完全通过编译。

(6) 编译无误后,参照附录进行引脚分配。表6-4-1是示例程序的端口引脚分配表。分配完成后,再进行全编译一次,使引脚分配生效。

表6-4-1 端口引脚分配表

端口名	使用模块信号	对应的FPGA引脚	说　明
CLK	数字信号源	PIN_L20	时钟信号为10kHz
HOUR	按键开关K1	PIN_AC17	调整小时
MIN	按键开关K2	PIN_AF17	调整分钟
RESET	按键开关K8	PIN_AF18	复位

续表

端口名	使用模块信号	对应的 FPGA 引脚	说　明
LED0	LED 灯模块 LED1	PIN_N4	整点倒计时
LED1	LED 灯模块 LED2	PIN_N8	
LED2	LED 灯模块 LED3	PIN_M9	
LED3	LED 灯模块 LED4	PIN_N3	
DISPLAY0	数码管 A 段	PIN_K28	时间显示
DISPLAY1	数码管 B 段	PIN_K27	
DISPLAY2	数码管 C 段	PIN_K26	
DISPLAY3	数码管 D 段	PIN_K25	
DISPLAY4	数码管 E 段	PIN_K22	
DISPLAY5	数码管 F 段	PIN_K21	
DISPLAY6	数码管 G 段	PIN_L23	
DISPLAY7	数码管 DP 段	PIN_L22	
SEG-SEL0	位选 DEL0	PIN_L24	
SEG-SEL1	位选 DEL1	PIN_M24	
SEG-SEL2	位选 DEL2	PIN_L26	

(7) 用下载电缆通过 JTAG 口将对应的 sof 文件加载到 FPGA 中，观察实验结果是否与预期的编程思想一致。

6.4.5 实验结果与现象

以设计的参考示例为例，当设计文件加载到目标器件后，将数字信号源模块的时钟选择为 10kHz，数码管开始显示时间，从 00-00-00 开始。在整点的前 5s 的时候，LED 灯模块的 LED1～LED4 开始闪烁。一旦超过整点，LED 停止显示。按下按键开关的 K1、K2，小时和分钟开始步进，进行时间的调整。按下按键开关的 K8，显示恢复到 00-00-00 重新开始显示时间。

6.4.6 实验报告

(1) 记录实验原理、设计过程、编译结果、硬件测试结果。

(2) 在此实验的基础上试用其他方法实现数字钟的功能，并增加其他功能。

6.5 实验十六：数字秒表的设计

6.5.1 实验目的

(1) 了解数字秒表的工作原理。

(2) 进一步熟悉用 Verilog HDL 编写驱动数码管显示的代码。

(3) 掌握 Verilog HDL 编写中的一些小技巧。

6.5.2 实验原理

秒表由于其计时精确，分辨率高(0.01s)，因此在竞技场景中得到普遍应用。

秒表的工作原理与实验十五的多功能数字钟的工作原理基本相同，只是其计时时钟信号有所差异。秒表的分辨率为 0.01s，故整个秒表的工作时钟是在 100Hz 的时钟信号下完成。当秒表的计时小于 1h 时，显示的格式是 mm-ss-xx(mm 表示分钟：0～59；ss 表示秒：0～59；xx 表示百分之一秒：0～99)，当秒表的计时大于或等于 1h 时，其显示与多功能时钟相同，即 hh-mm-ss(hh 表示小时：0～59)。由于秒表的功能和钟表有所不同，所以秒表的 hh 表示的范围不是 0～23，而是 0～59，这也是和多功能时钟的另一个不同之处。

在设计秒表的时候，时钟的选择为 100Hz。在其变量的选择上，由于 xx(0.01s)和 hh(小时)表示的范围都是 0～99，所以用两个 4 位二进制码(BCD 码)表示；而 ss(秒钟)和 mm(分钟)表示的范围都是 0～59，所以用一个 3 位的二进制码和一个 4 位的二进制码(BCD)表示。显示时要注意小时的判断，若小时是 00，则显示格式为 mm-ss-xx；若小时不是 00，则显示格式为 hh-mm-ss。

6.5.3 实验内容

本实验的目的是设计一个秒表，系统时钟选择时钟模块的 1kHz，由于计时时钟信号为 100Hz，因此需要对系统的时钟进行 10 分频，选择 1kHz 时钟的原因是数码管需要扫描显示。另外，为了便于控制，还需要设置复位按键、启动计时按键和停止计时按键，分别选用实验箱按键模块的 S1、S2 和 S3。按下 S1，系统复位，所有寄存器全部清零；按下 S2，秒表启动计时；按下 S3，秒表停止计时，并且数码管显示当前计时时间。如果再次按下 S2，秒表继续计时，除非按下 S1，系统才能复位，显示全部为 00-00-00。

6.5.4 实验步骤

(1) 打开 Quartus Ⅱ软件，新建一个工程。

(2) 工程建立完成后，新建一个 Verilog HDL File，打开 Verilog HDL 编辑器对话框。

(3) 按照实验原理，在 Verilog HDL 编辑窗口编写 Verilog HDL 程序。

(4) 编写并保存 Verilog HDL 程序。

(5) 对所编写的 Verilog HDL 程序进行编译,并对程序的错误进行修改。

(6) 编译无误后,参照附录进行引脚分配。表 6-5-1 是示例程序的端口引脚分配表。分配完成后,再进行全编译一次,使引脚分配生效。

表 6-5-1 端口引脚分配表

端口名	使用模块信号	对应的 FPGA 引脚	说　明
CLK	数字信号源	PIN_L20	时钟信号为 1kHz
START	按键开关 K1	PIN_AC17	复位信号
OVER	按键开关 K2	PIN_AF17	秒表开始计数
RESET	按键开关 K3	PIN_AD18	秒表停止计数
LEDAG0	数码管 A 段	PIN_K28	秒表计数结果输出
LEDAG1	数码管 B 段	PIN_K27	
LEDAG2	数码管 C 段	PIN_K26	
LEDAG3	数码管 D 段	PIN_K25	
LEDAG4	数码管 E 段	PIN_K22	
LEDAG5	数码管 F 段	PIN_K21	
LEDAG6	数码管 G 段	PIN_L23	
LEDAG7	数码管 DP 段	PIN_L22	
SEL0	位选 DEL0	PIN_L24	
SEL1	位选 DEL1	PIN_M24	
SEL2	位选 DEL2	PIN_L26	

(7) 用下载电缆通过 JTAG 口将对应的 sof 文件加载到 FPGA 中,观察实验结果是否与预期的编程思想一致。

6.5.5 实验结果与现象

以设计的参考示例为例,当设计文件加载到目标器件后,将数字信号源模块的时钟选择为 1kHz,设计的数字秒表从 00-00-00 开始计秒,直到按下停止按键(按键开关 K2),数码管停止计秒。停止计秒后,再按下开始按键(按键开关 K1),数码管继续进行计秒。按下复位按键(按键开关 K3),秒表从 00-00-00 重新开始计秒。

6.5.6 实验报告

记录实验原理、设计过程、编译结果和硬件测试结果。

6.6 实验十七：序列检测器的设计

6.6.1 实验目的

(1) 了解序列检测器的工作原理。

(2) 掌握时序电路设计中状态机的应用。

(3) 进一步掌握用 Verilog HDL 实现复杂时序电路的设计过程。

6.6.2 实验原理

序列检测器在很多数字系统中不可缺少，尤其是在通信系统中。序列检测器的作用是从一系列码流中找出用户想要的序列，序列长度可变。例如，在通信系统中，数据流帧头的检测就属于一个序列检测器。序列检测器的类型多种多样，可以逐比特比较、逐字节比较或使用其他比较方式，实际应用中需要采用哪种比较方式，主要由序列的多少以及系统的延时要求决定。下面就逐比特比较的序列检测器原理进行简单介绍。

逐比特比较的序列检测器是在输入一个特定波特率的二进制码流中，将每进入的一个二进制码与预期望的序列相比较。首先比较第一个码，如果第一个码与期望的序列的第一个码相同，那么下一个进来的二进制码再和期望的序列的第二个码相比较，依次比较，直到所有的码都和期望的序列一致，则认为检测到一个期望的序列。如果在检测过程中出现一个码与期望的序列中对应的码不一致，则从头开始比较。

6.6.3 实验内容

本实验的目的是要设计一个序列检测器，要求检测的序列长度为 8 位，实验中将拨挡开关的 K1～K8 作为外部二进制码流的输入，在 FPGA 内部逐个比较。用按键模块的 S1 作为一个启动检测信号，每按下一次 K1，检测器检测一次，如果 K1～K8 输入的序列与 Verilog HDL 设计时期望的序列一致，则认为检测到一个正确的序列，若有一个码与期望序列中对应的码不同，则认为没有检测到正确的序列。此外，为了便于观察，序列检测结果用一个 LED 显示，本实验中用 LED 模块的 LED1 显示，如果检测到正确的序列，则 LED 亮起，否则 LED 熄灭。此外，本实验还用数码管显示错误码的个数，并将时钟模块的 1kHz 信号作为序列检测时钟信号的输入。

6.6.4 实验步骤

(1) 打开 Quartus Ⅱ软件，新建一个工程。

(2) 工程建立完成后，新建一个 Verilog HDL File，打开 Verilog HDL 编辑器对话框。

(3) 按照实验原理，在 Verilog HDL 编辑窗口编写 Verilog HDL 程序。

(4) 编写并保存 Verilog HDL 程序。

(5) 对所编写的 Verilog HDL 程序进行编译并仿真,对程序的错误进行修改。

(6) 编译无误后,参照附录进行引脚分配。表 6-6-1 是示例程序的端口引脚分配表。分配完成后,再进行全编译一次,使引脚分配生效。

表 6-6-1　端口引脚分配表

端口名	使用模块信号	对应的 FPGA 引脚	说　明
INCLK	数字信号源	PIN_L20	时钟信号为 1kHz
START	按键开关 K1	PIN_AC17	开始检测
DATA0	拨挡开关 SW8	PIN_AE14	检测数据输入
DATA1	拨挡开关 SW7	PIN_AF14PIN_AF14	
DATA2	拨挡开关 SW6	PIN_AA14	
DATA3	拨挡开关 SW5	PIN_Y15	
DATA4	拨挡开关 SW4	PIN_AA15	
DATA5	拨挡开关 SW3	PIN_AB15	
DATA6	拨挡开关 SW2	PIN_AC15	
DATA7	拨挡开关 SW1	PIN_AD15	
LED	LED 灯 LED1	PIN_N4	检测结果输出
LEDAG0	数码管 A 段	PIN_K28	检测个数显示
LEDAG1	数码管 B 段	PIN_K27	
LEDAG2	数码管 C 段	PIN_K26	
LEDAG3	数码管 D 段	PIN_K25	
LEDAG4	数码管 E 段	PIN_K22	
LEDAG5	数码管 F 段	PIN_K21	
LEDAG6	数码管 G 段	PIN_L23	
SEL0	位选 DEL0	PIN_L24	
SEL1	位选 DEL1	PIN_M24	
SEL2	位选 DEL2	PIN_L26	

(7) 用下载电缆通过 JTAG 口将对应的 sof 文件加载到 FPGA 中,观察实验结果是否与预期的编程思想一致。

6.6.5　实验结果与现象

以设计的参考示例为例,当设计文件加载到目标器件后,将数字信号源模块的时钟选择为 1kHz,拨动 8 位拨挡开关,使其为一个数值,按下按键开关的 K1 键开始检测。若与程序设定的值相同,则 LED 显示模块中的 LED1 亮,数码管上显示 0;若与程序设定的值不同,则 LED 灯模块中的 LED1 不被点亮,数码管上显示错误的个数。

6.6.6 实验报告

(1) 记录实验原理、设计过程、编译结果和硬件测试结果。
(2) 增加其他功能,试采用其他方法编写 Verilog HDL 程序。

6.7 实验十八: 出租车计费器的设计

6.7.1 实验目的

(1) 了解出租车计费器的工作原理。
(2) 学会用 Verilog HDL 编写正确的数码管显示程序。
(3) 熟练掌握用 Verilog HDL 编写复杂功能模块。
(4) 进一步熟悉状态机在系统设计中的应用。

6.7.2 实验原理

出租车计费一般都按千米(km)计费,通过包括起步价××元(××元可以行走 xkm)与超出起步里程数的××元/千米两部分。因此,要实现一个出租车计费器的设计,需要有两个计数单位,一个用来计千米,另外一个用来计费用。通常,出租车的轮子上都有传感器,用来记录车轮转动的圈数,而车轮的周长是固定的,因此可以通过圈数计算里程。在本实验中,要模拟出租车计费器的工作过程,用直流电机模拟出租车轮子,通过传感器,使得电机每转一周输出一个脉冲波形。其计算结果通过 8 个数码管显示,前 4 个数码管显示里程,后 4 个数码管显示费用。

设计 Verilog HDL 程序时,首先在复位信号的作用下将所有用到的寄存器清零,然后将其开始状态设置为起步价记录状态,在起步价规定的里程里一直显示起步价,直到路程超过起步里程时,系统转移到每千米计费状态,此时每增加 1km,计费器就增加相应的费用。

在本程序的编写过程中有一些小技巧。为了便于显示,将数据用 BCD 码显示,这样就不存在数据格式转换的问题。例如,要表示一个三位数,就分别用四位二进制码表示,当个位数字累加大于 9 时,将其清零,同时十位数字加 1,以此类推。

6.7.3 实验内容

本实验的目的是设计一个简单的出租车计费器,要求起步价为 3 元,准行 1km,超出里程按照 1 元/km 计费。显示部分的数码管扫描时钟选择实验箱中的时钟模块 1kHz,电机模块的跳线选择 GND 端,这样,通过旋钮电机模块的电位器,即可达到控制电机转速的目的。另外,将按键模块的 K1 作为整个系统的复位按钮,每复位一次,计费器从头开始计费。通过直流电机模拟出租车的车轮,每转动一圈认为其行驶 1m,当旋转 1000

圈时,认为出租车行驶1km。系统设计要求检测电机的转动情况,每转一周,计数器增加1。数码管的显示规则为前4个数码管显示里程,后3个数码管显示费用。

6.7.4 实验步骤

(1) 打开 Quartus Ⅱ软件,新建一个工程。

(2) 工程建立完成后,新建一个 Verilog HDL File,打开 Verilog HDL 编辑器对话框。

(3) 按照实验原理,在 Verilog HDL 编辑窗口编写 Verilog HDL 程序。

(4) 编写并保存 Verilog HDL 程序。

(5) 对所编写的 Verilog HDL 程序进行编译并仿真,并对程序的错误进行修改。

(6) 编译仿真无误后,参照拨挡开关、LED 与 FPGA 的引脚连接表或附录进行引脚分配。表6-7-1是示例程序的端口引脚分配表。分配完成后,再进行一次全编译,使引脚分配生效。

表 6-7-1 端口引脚分配表

端口名	使用模块信号	对应的 FPGA 引脚	说　明
CLK	数字信号源	PIN_L20	时钟信号为1kHz
MOTOR	直流电机模块	PIN_M2	44E脉冲输出
RST	按键开关 K1	PIN_AC17	复位信号
DISPLAY0	数码管 A 段	PIN_K28	
DISPLAY1	数码管 B 段	PIN_K27	
DISPLAY2	数码管 C 段	PIN_K26	
DISPLAY3	数码管 D 段	PIN_K25	
DISPLAY4	数码管 E 段	PIN_K22	
DISPLAY5	数码管 F 段	PIN_K21	计价器费用显示
DISPLAY6	数码管 G 段	PIN_L23	
SEG-SEL0	位选 DEL0	PIN_L24	
SEG-SEL1	位选 DEL1	PIN_M24	
SEG-SEL2	位选 DEL2	PIN_L26	

(7) 用下载电缆通过JTAG口将对应的sof文件加载到FPGA中,观察实验结果是否与预期的编程思想一致。

6.7.5 实验结果与现象

以设计的参考示例为例,当设计文件加载到目标器件后,将数字信号源模块的时钟选择为1MHz,将直流电机模块的模式选择到GND模式(跳线帽连接“开”),调整电机的电位器,以改变转速,使直流电机开始旋转。观察实验现象可以看到,前4个数码管显示里程,后

4个数码管显示费用，按下K1键进行系统复位，每复位一次，计费器从头开始计费。

6.7.6 实验报告

记录实验原理、设计过程、编译结果和硬件测试结果。

6.8 实验十九：正负脉宽调制信号发生器设计

6.8.1 实验目的

(1) 在掌握可控脉冲发生器的基础上了解正负脉宽数控调制信号发生的原理。
(2) 熟练运用示波器观察实验箱上的探测点波形。
(3) 掌握时序电路设计的基本思想。

6.8.2 实验原理

正负脉宽数控就是直接输入脉冲信号的正脉宽数和负脉宽数，如果正负脉宽数确定，则可以得到脉冲波的周期。信号调制方式有多种，包括频率调制、相位调制、幅度调制等。在本实验中，对输出的波形进行最简单的数字调制，另外，为满足EDA设计的灵活性，在实验中可以输出非调制波形、正脉冲调制波形和负脉冲调制波形。非调制波形是原始的脉冲波形；正脉冲调制是在脉冲波为1时输出另一个频率的方波，而在脉冲波为0时为原始波形；负脉冲调制与正脉冲调制相反，要求在脉冲波为0时输出另外一个频率的方波，而在脉冲波为1时输出原始波形。为简化实验，此处的调制波形(另外一个频率的方波)为原始的时钟信号，其具体波形如图6-8-1所示。

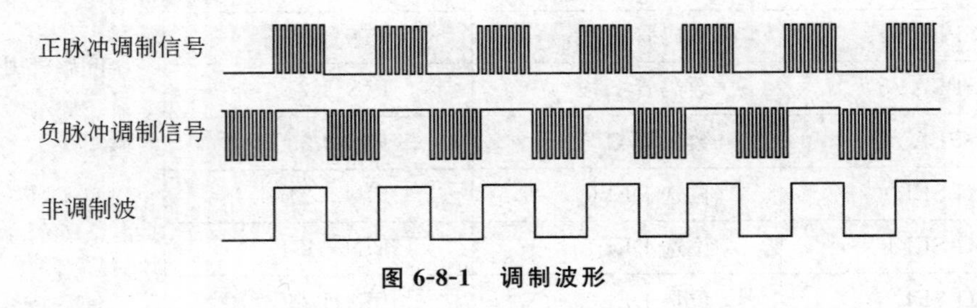

图6-8-1 调制波形

6.8.3 实验内容

本实验的目的是设计一个正负脉宽数控调制信号发生器。要求该信号发生器能够输出正负脉宽数控的脉冲波、正脉冲调制的脉冲波和负脉冲调制的脉冲波。实验中的时钟信号选择实验箱中的时钟模块1MHz信号，将拨挡开关模块的K1～K4作为正脉冲脉宽的输入，将K5～K8作为负脉冲脉宽的输入，将按键开关模块中的S1作为模式选择键，每按下一次，输出的脉冲波形改变一次，脉冲波形可依次显示为原始脉冲波、正脉冲调制波和负脉冲调制波。波形输出至实验箱观测模块的探针，以便示波器观察。

6.8.4　实验步骤

(1) 打开 Quartus Ⅱ软件,新建一个工程。

(2) 工程建立完成后,新建一个 Verilog HDL File,打开 Verilog HDL 编辑器对话框。

(3) 按照实验原理,在 Verilog HDL 编辑窗口编写 Verilog HDL 程序。

(4) 编写并保存 Verilog HDL 程序。

(5) 对所编写的 Verilog HDL 程序进行编译并仿真,并对程序的错误进行修改。

(6) 编译仿真无误后,参照拨挡开关、按键开关、输出观测点与 FPGA 的引脚连接表或附录进行引脚分配。表 6-8-1 是示例程序的端口引脚分配表。分配完成后,再进行一次全编译,使引脚分配生效。

表 6-8-1　端口引脚分配表

端口名	使用模块信号	对应的 FPGA 引脚	说　明
CLK	数字信号源	PIN_L20	时钟信号为 1MHz
P0	拨挡开关 SW1	PIN_AD15	正脉宽度输入
P1	拨挡开关 SW2	PIN_AC15	
P2	拨挡开关 SW3	PIN_AB15	
P3	拨挡开关 SW4	PIN_AA15	
N0	拨挡开关 SW5	PIN_Y15	负脉宽度输入
N1	拨挡开关 SW6	PIN_AA14	
N2	拨挡开关 SW7	PIN_AF14	
N3	拨挡开关 SW8	PIN_AE14	
MODE	按键开关 K1	PIN_AC17	输出模式选择
FOUT	输出观测模块	PIN_C15	调制信号输出

(7) 用下载电缆通过 JTAG 口将对应的 sof 文件加载到 FPGA 中,观察实验结果是否与预期的编程思想一致。

6.8.5　实验结果及现象

以设计的参考示例为例,当设计文件加载到目标器件后,将数字信号源模块的时钟选择为 1MHZ,拨动 8 位拨挡开关,使 SW1～SW4 中至少有一个为高电平,SW5～SW8 中至少有一个为高电平,此时输出观测模块,用示波器可以观测到一个矩形波,其高低电平的占空比为 SW1～SW4 高电平个数与 SW5～SW8 高电平个数的比。按下 K1 按键后,矩形波发生改变,输出相应的调制波形。

6.8.6　实验报告

记录实验原理、设计过程、编译结果和硬件测试结果。

附录

模块原理图及模块引脚分配

附录 A 实验箱核心板模块原理图

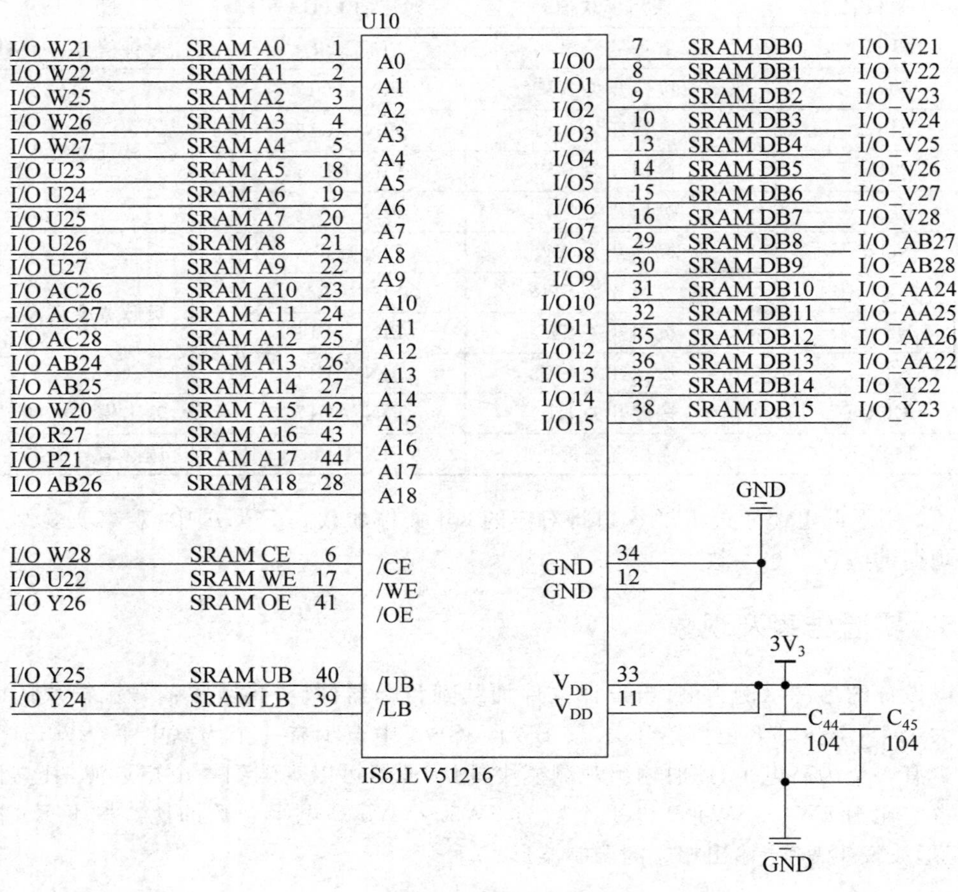

图 A-1 SRAM

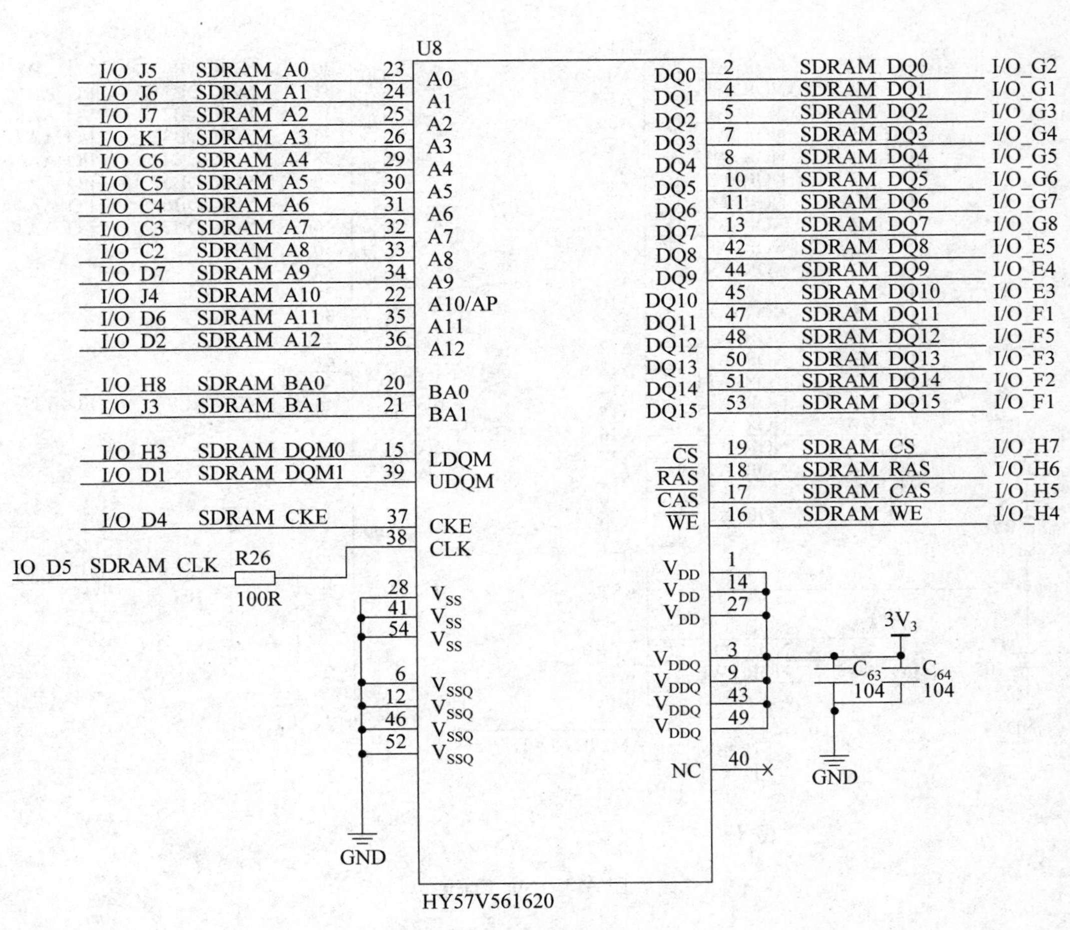
U8
I/O_J5 SDRAM_A0 23 A0
I/O_J6 SDRAM_A1 24 A1
I/O_J7 SDRAM_A2 25 A2
I/O_K1 SDRAM_A3 26 A3
I/O_C6 SDRAM_A4 29 A4
I/O_C5 SDRAM_A5 30 A5
I/O_C4 SDRAM_A6 31 A6
I/O_C3 SDRAM_A7 32 A7
I/O_C2 SDRAM_A8 33 A8
I/O_D7 SDRAM_A9 34 A9
I/O_J4 SDRAM_A10 22 A10/AP
I/O_D6 SDRAM_A11 35 A11
I/O_D2 SDRAM_A12 36 A12
I/O_H8 SDRAM_BA0 20 BA0
I/O_J3 SDRAM_BA1 21 BA1
I/O_H3 SDRAM_DQM0 15 LDQM
I/O_D1 SDRAM_DQM1 39 UDQM
I/O_D4 SDRAM_CKE 37 CKE
38 CLK
IO_D5 SDRAM_CLK R26 100R
28 VSS
41 VSS
54 VSS
6 VSSQ
12 VSSQ
46 VSSQ
52 VSSQ
GND
DQ0 2 SDRAM_DQ0 I/O_G2
DQ1 4 SDRAM_DQ1 I/O_G1
DQ2 5 SDRAM_DQ2 I/O_G3
DQ3 7 SDRAM_DQ3 I/O_G4
DQ4 8 SDRAM_DQ4 I/O_G5
DQ5 10 SDRAM_DQ5 I/O_G6
DQ6 11 SDRAM_DQ6 I/O_G7
DQ7 13 SDRAM_DQ7 I/O_G8
DQ8 42 SDRAM_DQ8 I/O_E5
DQ9 44 SDRAM_DQ9 I/O_E4
DQ10 45 SDRAM_DQ10 I/O_E3
DQ11 47 SDRAM_DQ11 I/O_F1
DQ12 48 SDRAM_DQ12 I/O_F5
DQ13 50 SDRAM_DQ13 I/O_F3
DQ14 51 SDRAM_DQ14 I/O_F2
DQ15 53 SDRAM_DQ15 I/O_F1
CS 19 SDRAM_CS I/O_H7
RAS 18 SDRAM_RAS I/O_H6
CAS 17 SDRAM_CAS I/O_H5
WE 16 SDRAM_WE I/O_H4
VDD 1
VDD 14
VDD 27
VDDQ 3
VDDQ 9
VDDQ 43
VDDQ 49
NC 40
3V3
C63 104
C64 104
GND
HY57V561620

图 A-2 SDRAM

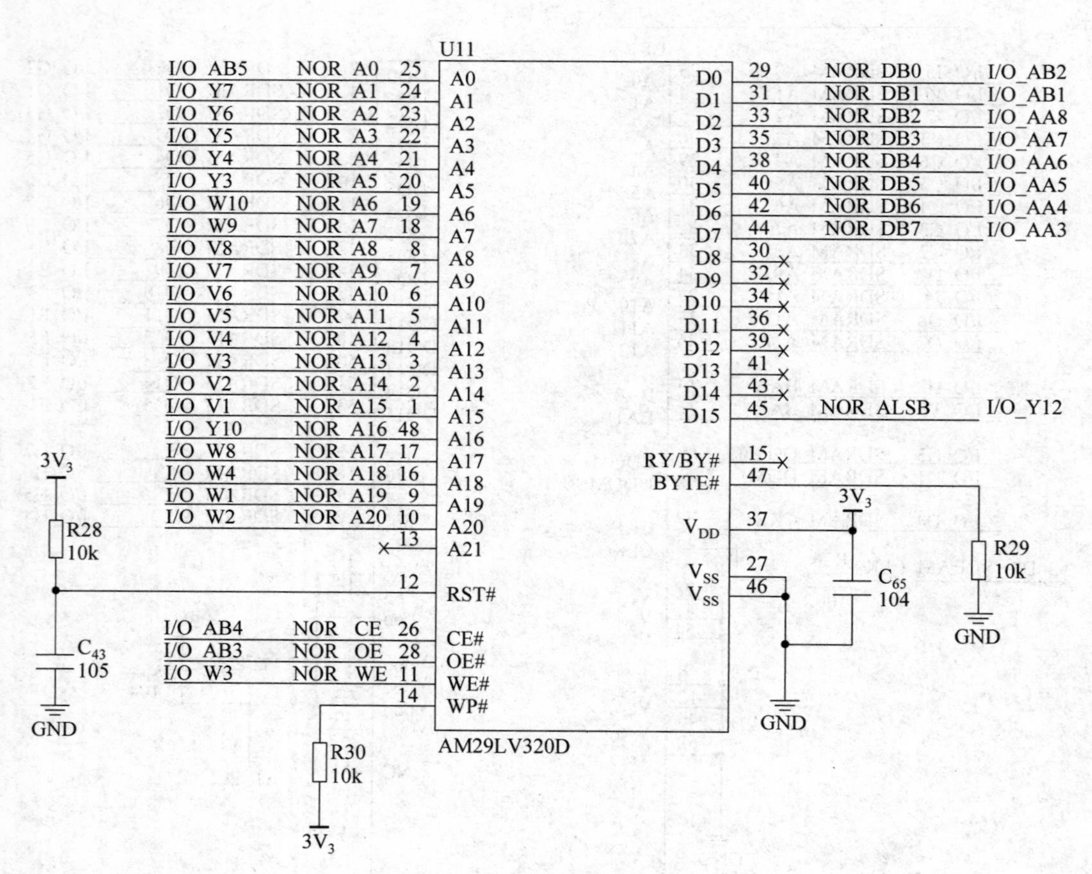

图 A-3 Nor Flash

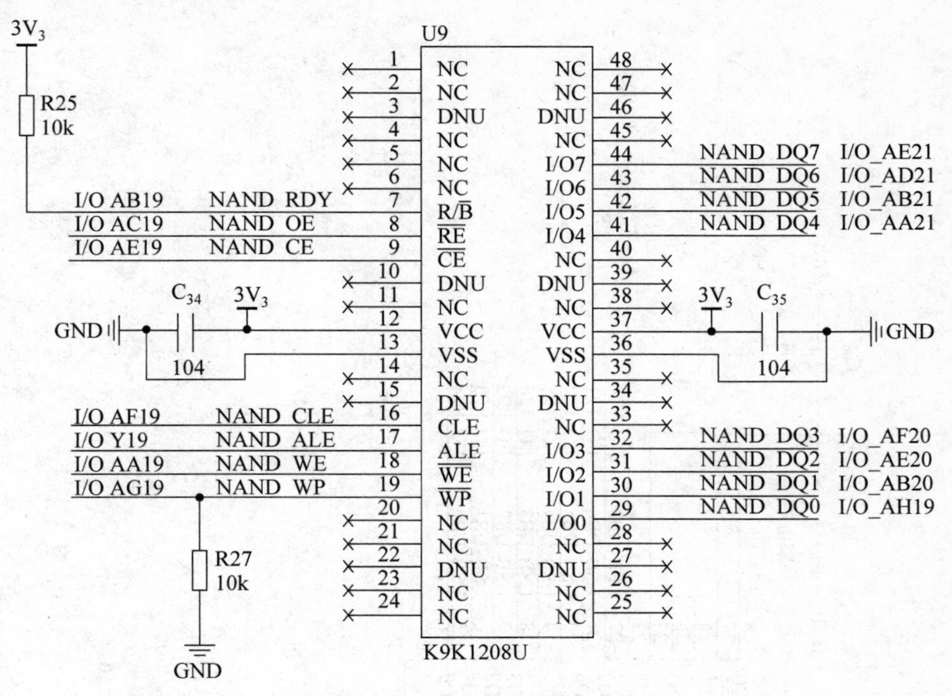

图 A-4 Nand Flash

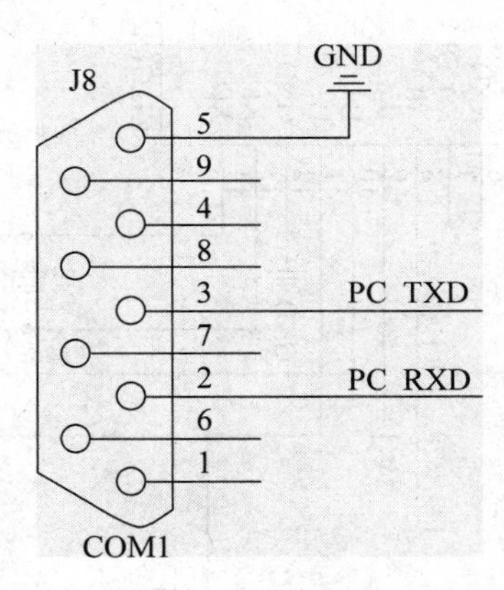

图 A-5 RS232

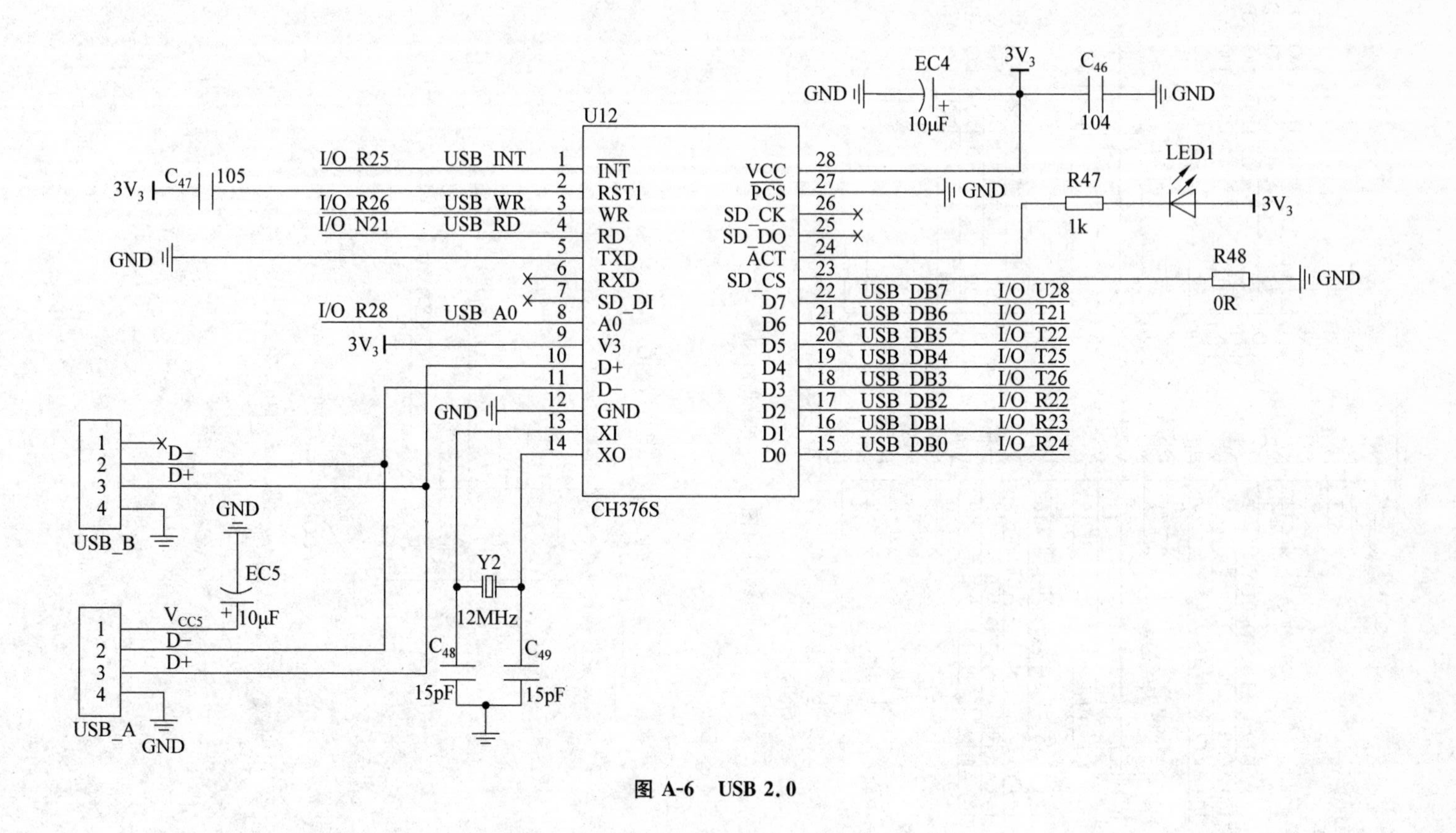
U12
CH376S
INT
RST1
WR
RD
TXD
RXD
SD_DI
A0
V3
D+
D−
GND
XI
XO
VCC
PCS
SD_CK
SD_DO
ACT
SD_CS
D7
D6
D5
D4
D3
D2
D1
D0
USB_INT
USB_WR
USB_RD
USB_A0
I/O_R25
I/O_R26
I/O_N21
I/O_R28
USB_DB7
USB_DB6
USB_DB5
USB_DB4
USB_DB3
USB_DB2
USB_DB1
USB_DB0
I/O_U28
I/O_T21
I/O_T22
I/O_T25
I/O_T26
I/O_R22
I/O_R23
I/O_R24
EC4
10μF
C46
104
LED1
R47
1k
R48
0R
Y2
12MHz
C48
C49
15pF
C47
105
EC5
VCC5
USB_B
USB_A
GND

图 A-6 USB 2.0

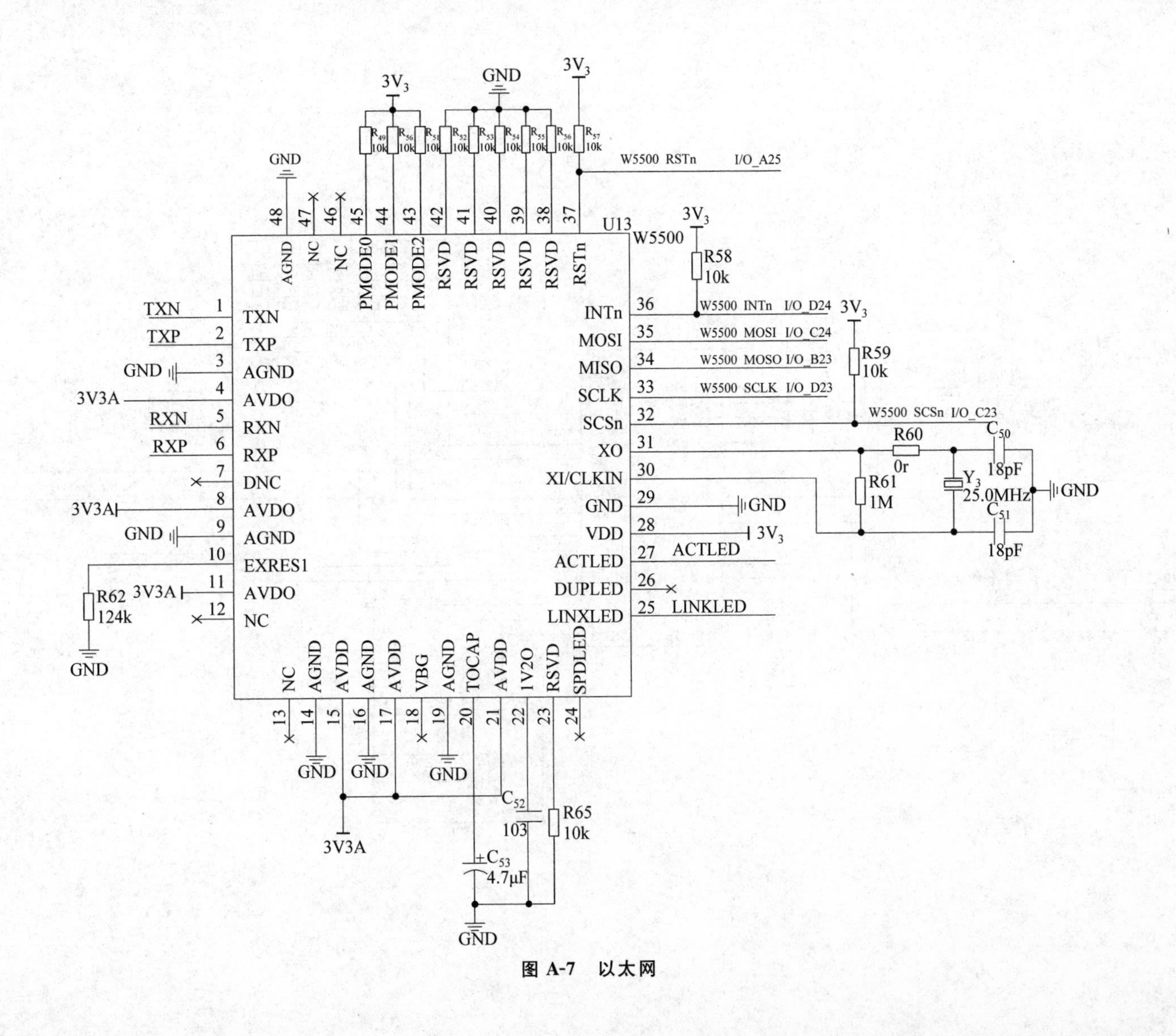
U13
W5500
TXN
TXP
AGND
AVDO
RXN
RXP
DNC
AVDO
AGND
EXRES1
AVDO
NC
INTn
MOSI
MISO
SCLK
SCSn
XO
XI/CLKIN
GND
VDD
ACTLED
DUPLED
LINXLED
SPDLED
RSVD
1V2O
AVDD
TOCAP
AGND
VBG
AVDD
AGND
AVDD
AGND
NC
RSTn
RSVD
PMODE2
PMODE1
PMODE0
NC
AGND
W5500 RSTn I/O_A25
W5500 INTn I/O_D24
W5500 MOSI I/O_C24
W5500 MOSO I/O_B23
W5500 SCLK I/O_D23
W5500 SCSn I/O_C23
R58 10k
R59 10k
R60 0r
R61 1M
Y_3 25.0MHz
C_{50} 18pF
C_{51} 18pF
R62 124k
R65 10k
C_{52} 103
C_{53} 4.7μF
3V3A
$3V_3$
GND
ACTLED
LINKLED

图 A-7 以太网

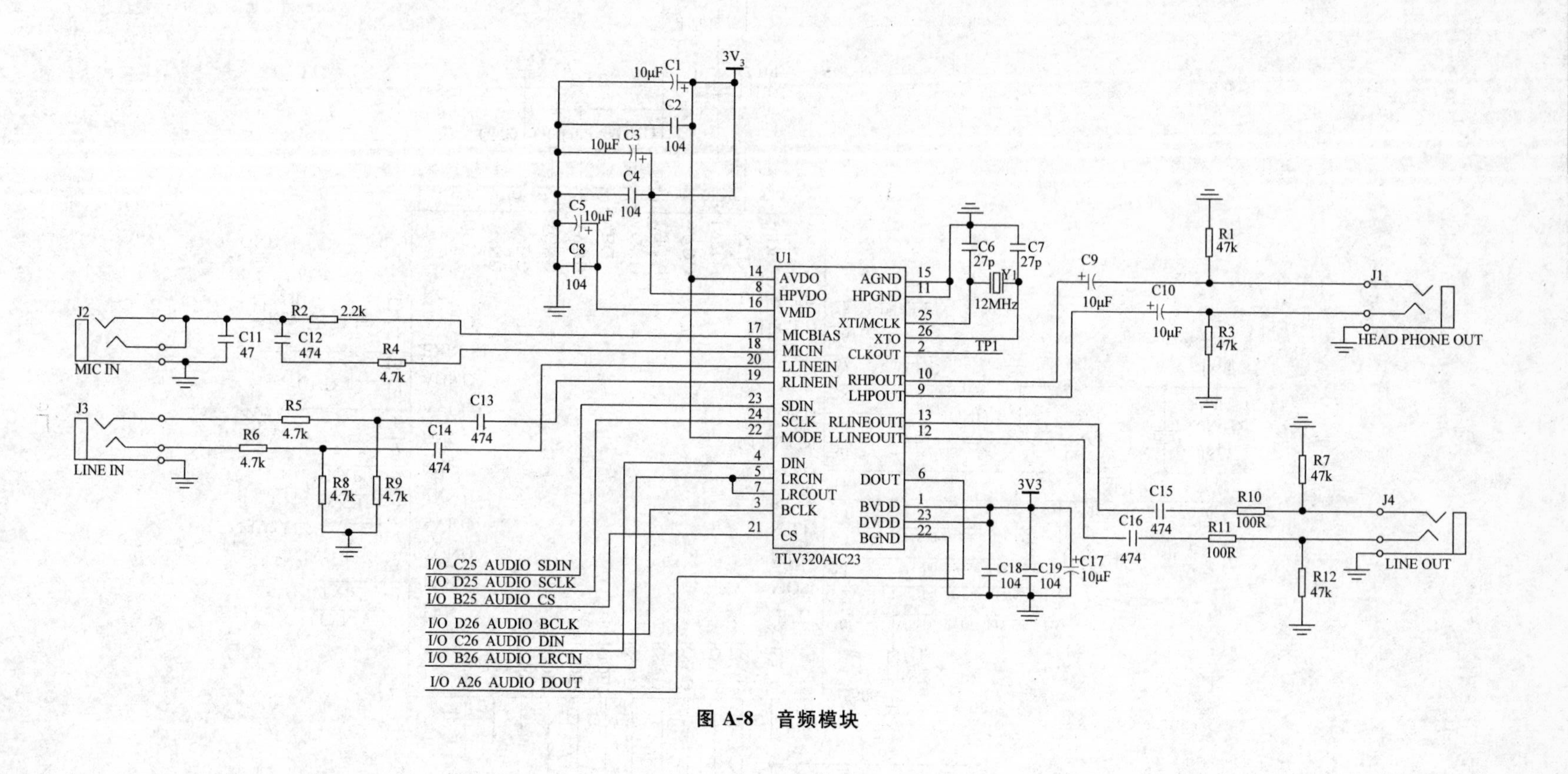
3V3
10μF C1
C2
104
10μF C3
C4
104
C5 10μF
C8
104
U1
AVDO
HPVDO
VMID
MICBIAS
MICIN
LLINEIN
RLINEIN
SDIN
SCLK
MODE
DIN
LRCIN
LRCOUT
BCLK
CS
AGND
HPGND
XTI/MCLK
XTO
CLKOUT
RHPOUT
LHPOUT
RLINEOUT
LLINEOUT
DOUT
BVDD
DVDD
BGND
TLV320AIC23
C6 27p
C7 27p
Y1
12MHz
TP1
C9 10μF
C10 10μF
R1 47k
R3 47k
J1
HEAD PHONE OUT
J2
MIC IN
R2 2.2k
C11 47
C12 474
R4 4.7k
J3
LINE IN
R5 4.7k
R6 4.7k
C13 474
C14 474
R8 4.7k
R9 4.7k
3V3
C18 104
C19 104
C17 10μF
C15 474
C16 474
R10 100R
R11 100R
R7 47k
R12 47k
J4
LINE OUT
I/O C25 AUDIO SDIN
I/O D25 AUDIO SCLK
I/O B25 AUDIO CS
I/O D26 AUDIO BCLK
I/O C26 AUDIO DIN
I/O B26 AUDIO LRCIN
I/O A26 AUDIO DOUT

图 A-8 音频模块

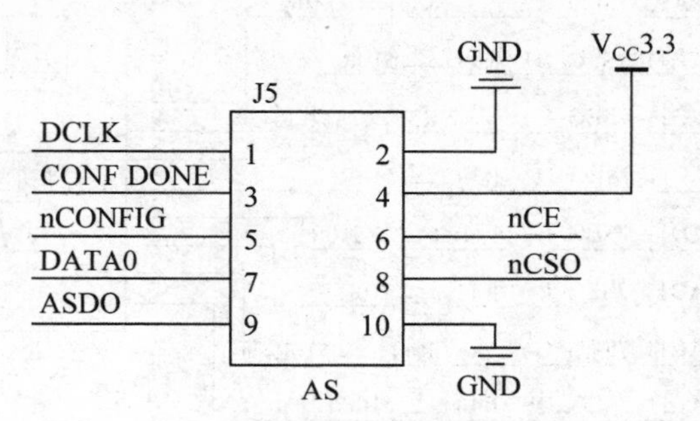

图 A-9　AS 固化接口

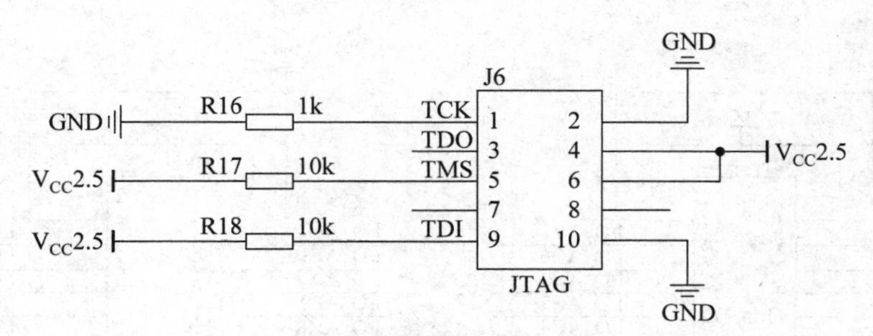

图 A-10　JTAG 调试接口

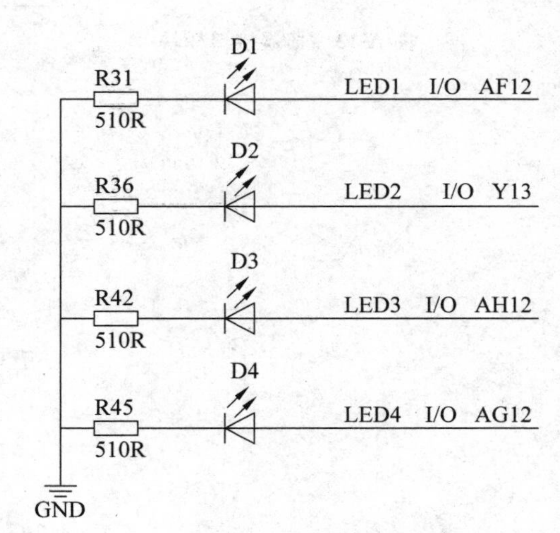

图 A-11　LED 模块

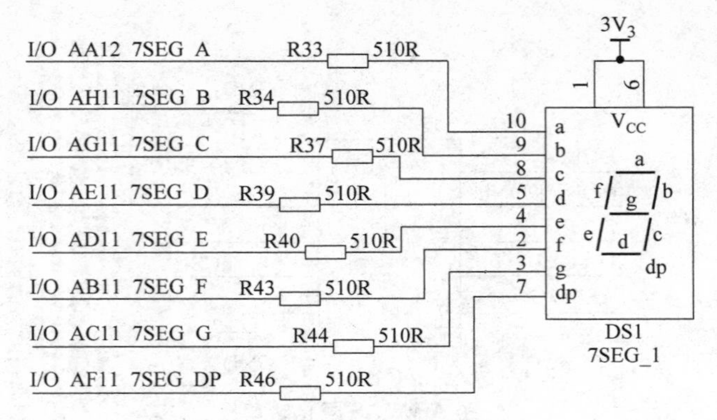

图 A-12 独立按键模块

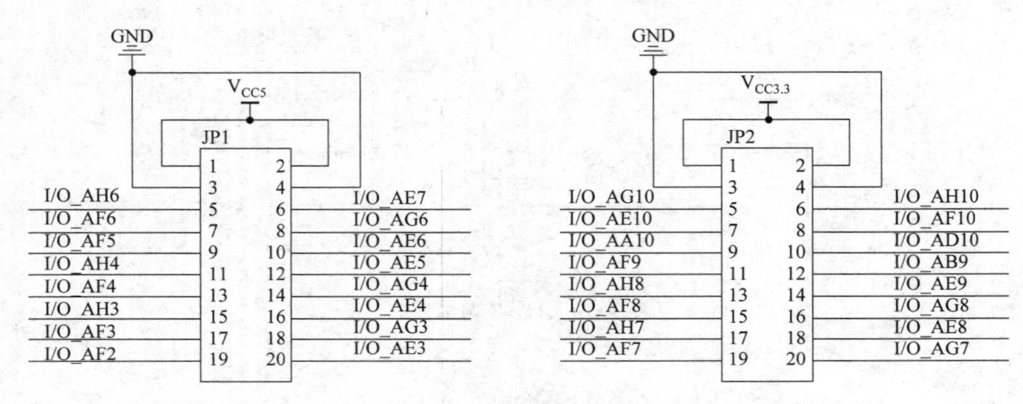

图 A-13 拓展接口模块

附录B 底板模块原理图

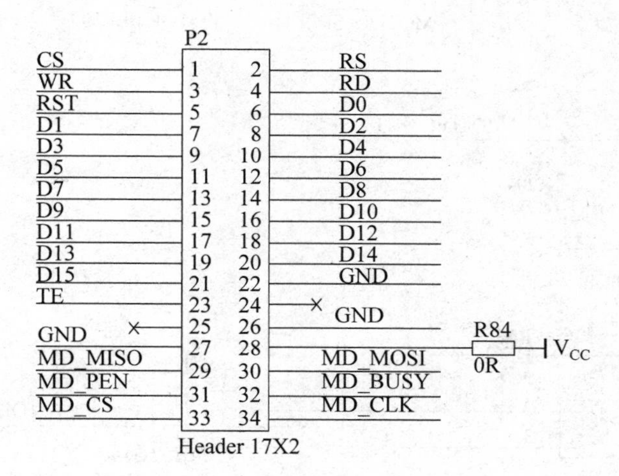

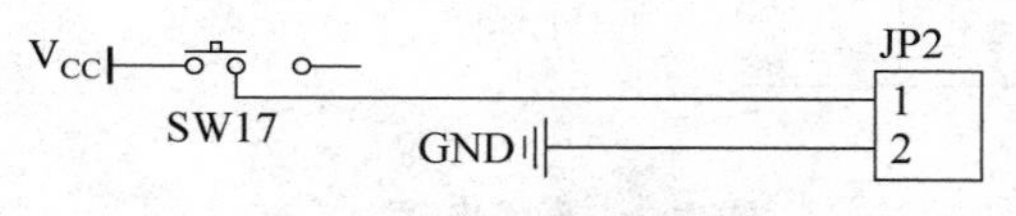

图 B-1 液晶屏接口

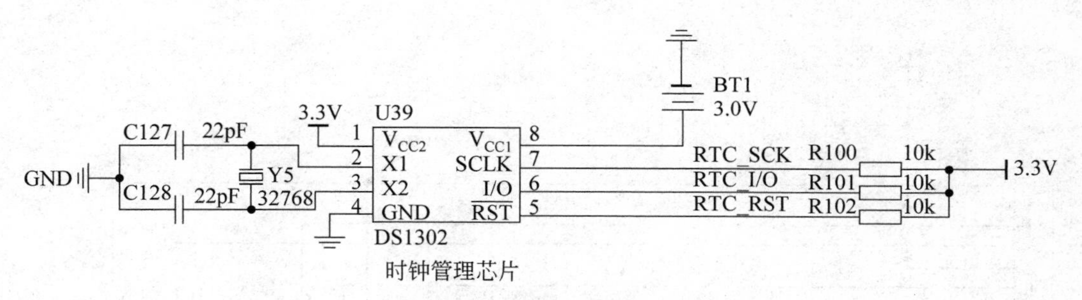

图 B-2 RTC 实时时钟

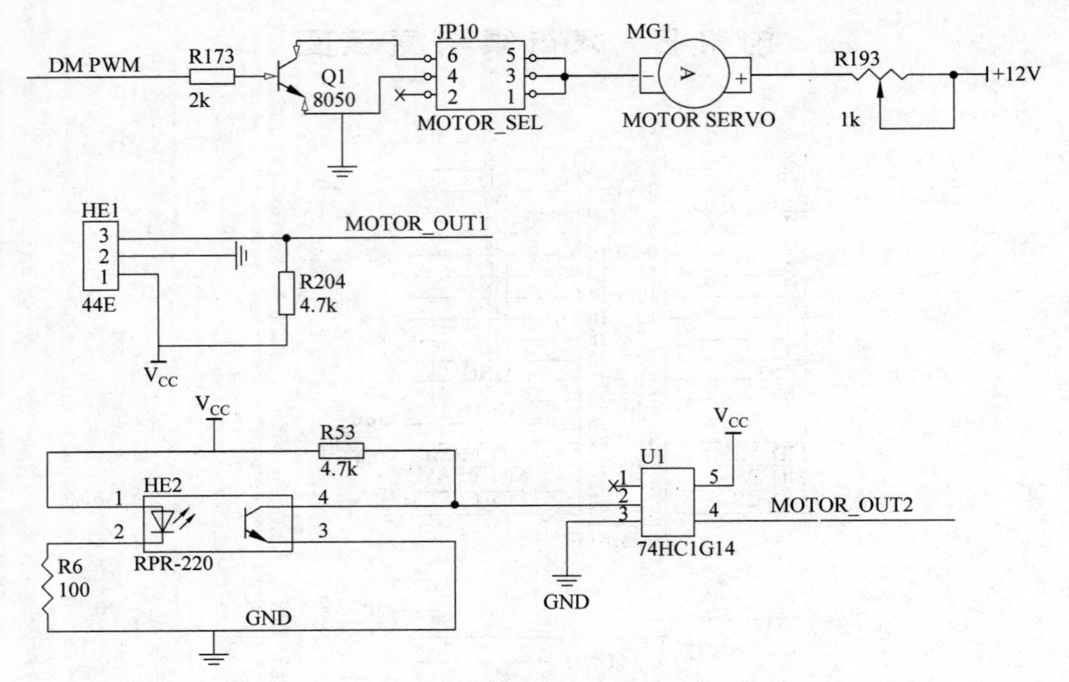

图 B-3　直流电机

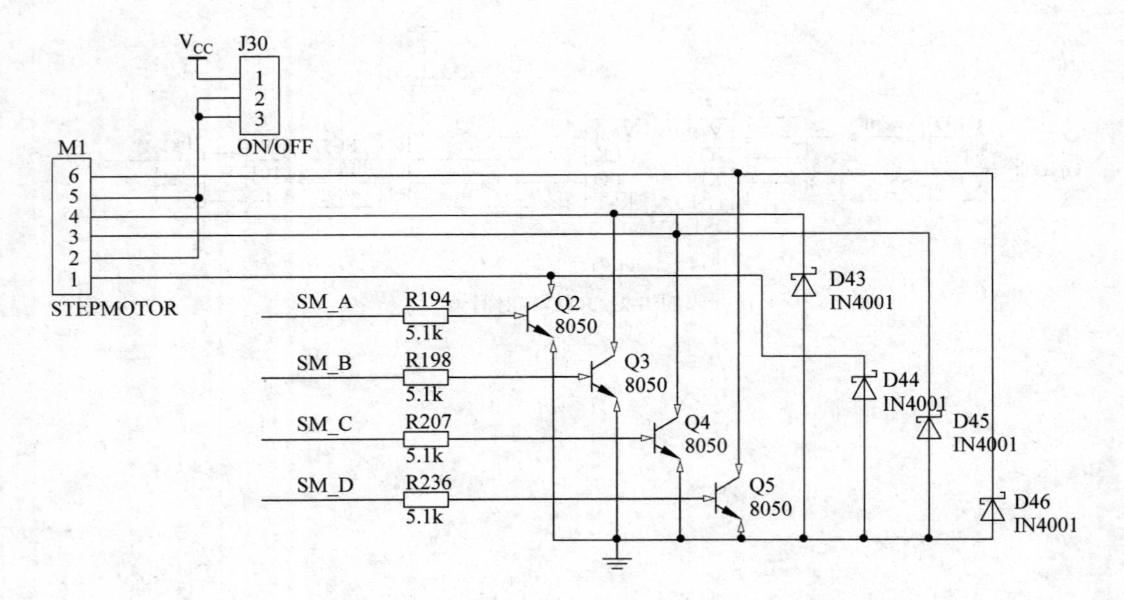

图 B-4　步进电机

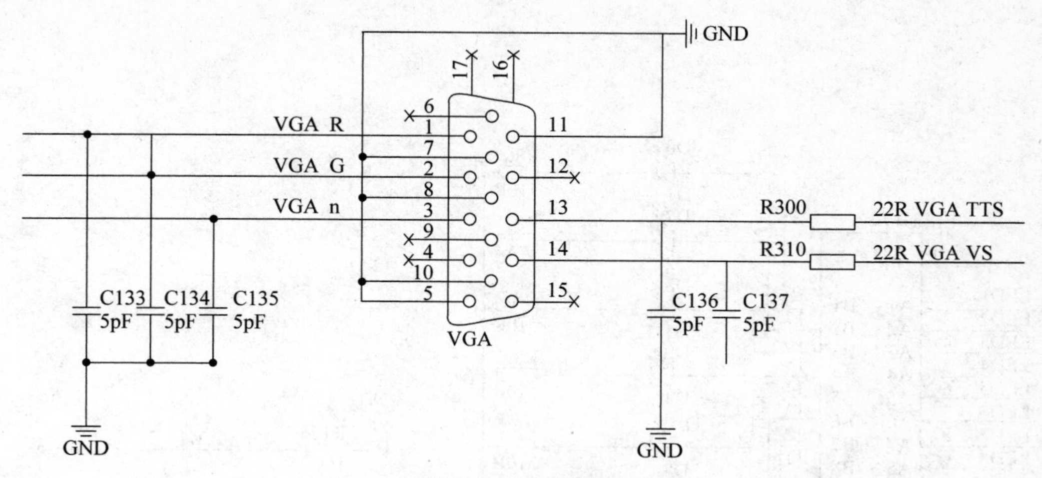

图 B-5 VGA 接口

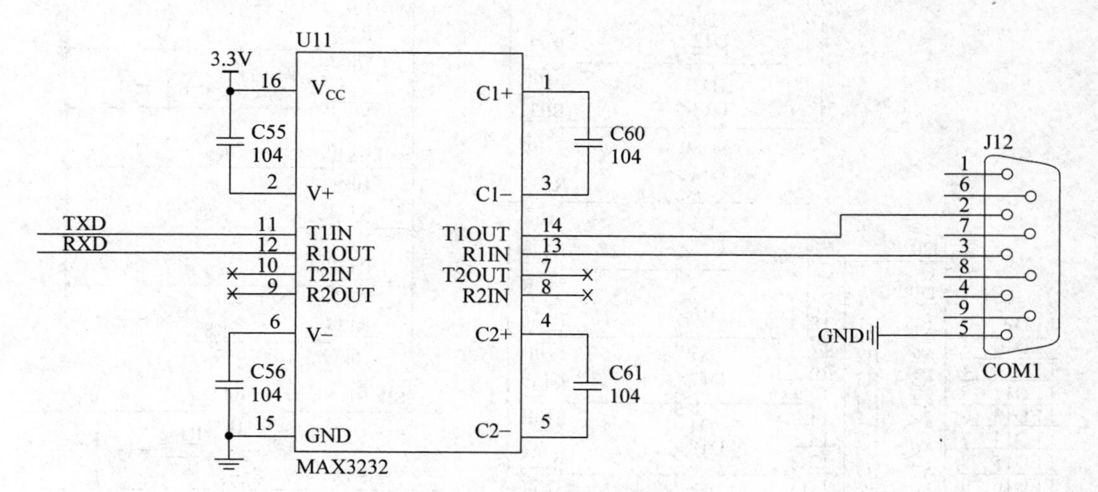

图 B-6 标准串行接口

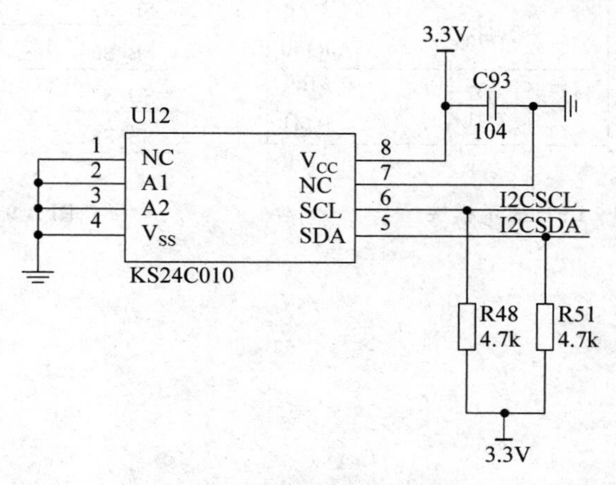

图 B-7 IIC EEPROM 模块

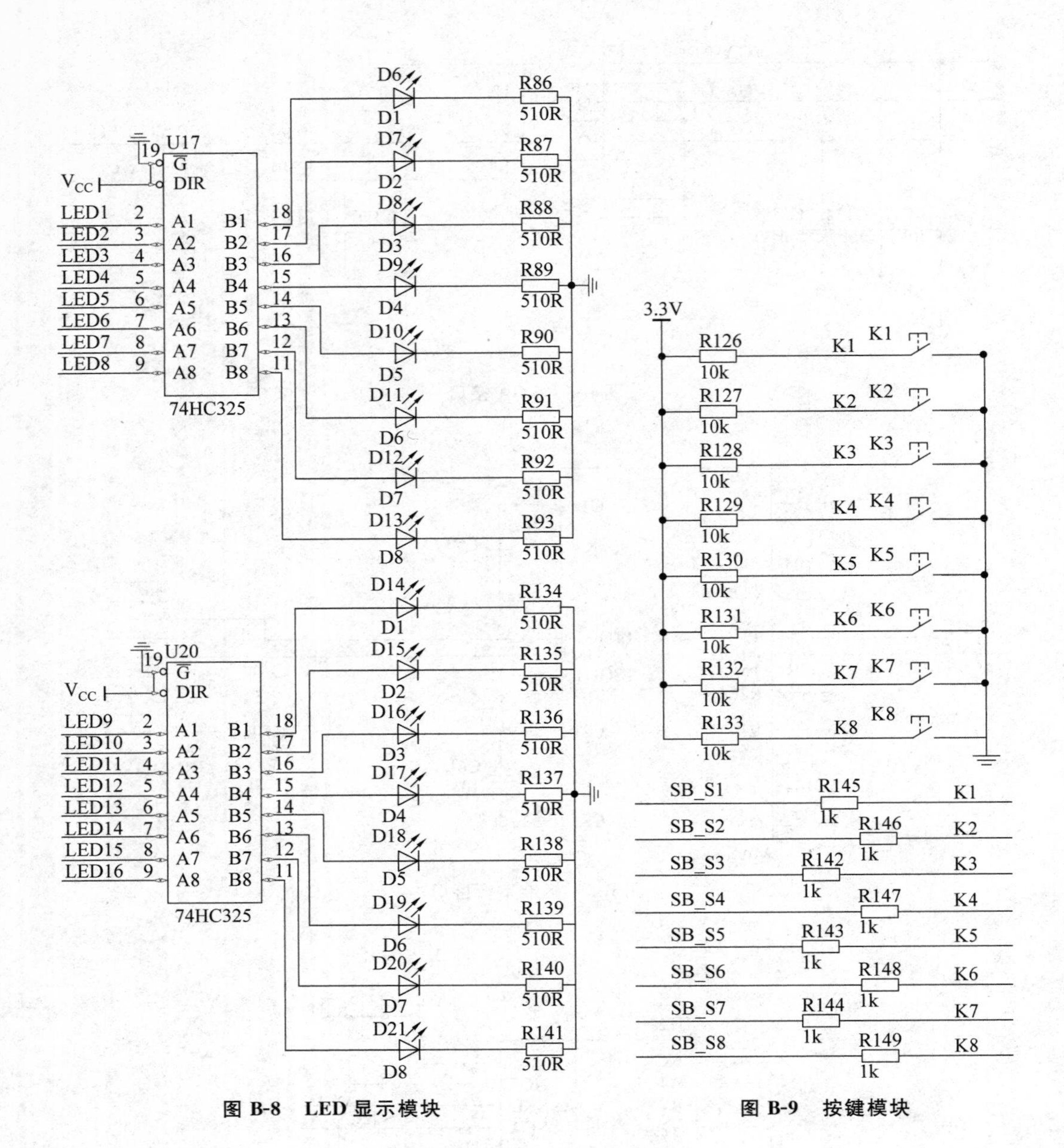

图 B-8 LED 显示模块

图 B-9 按键模块

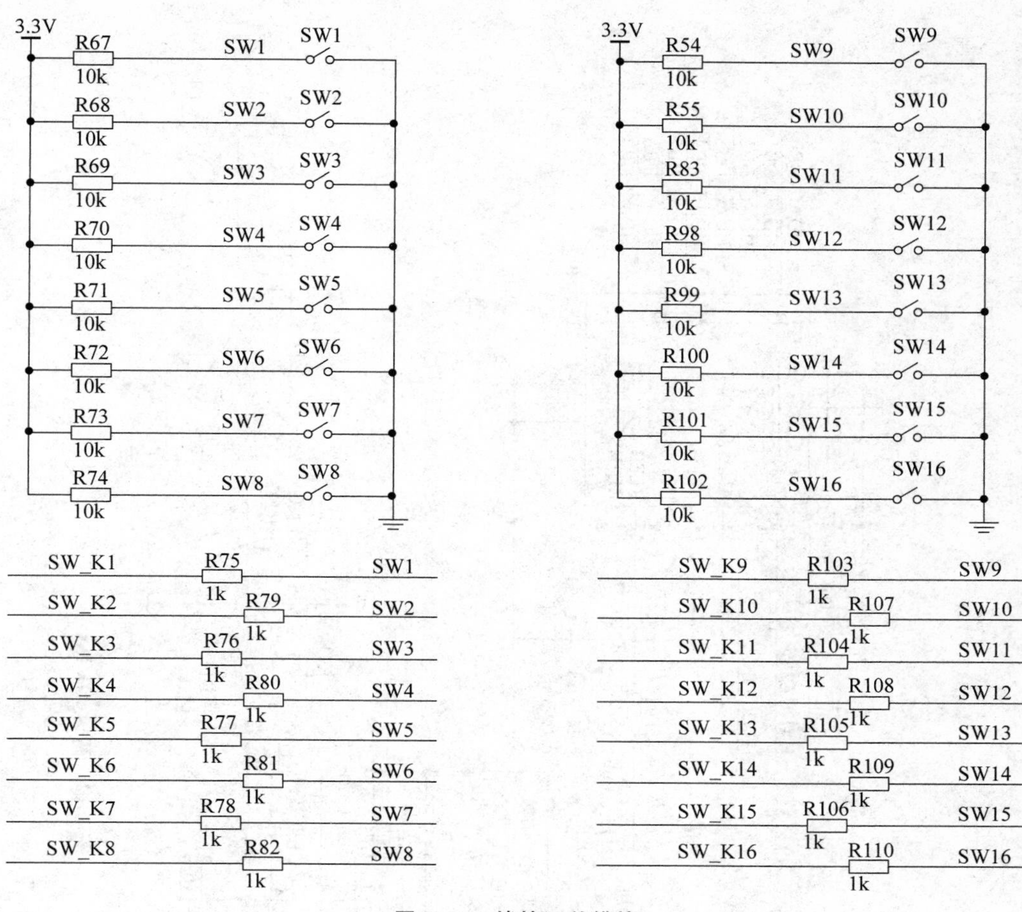

图 B-10 拨挡开关模块

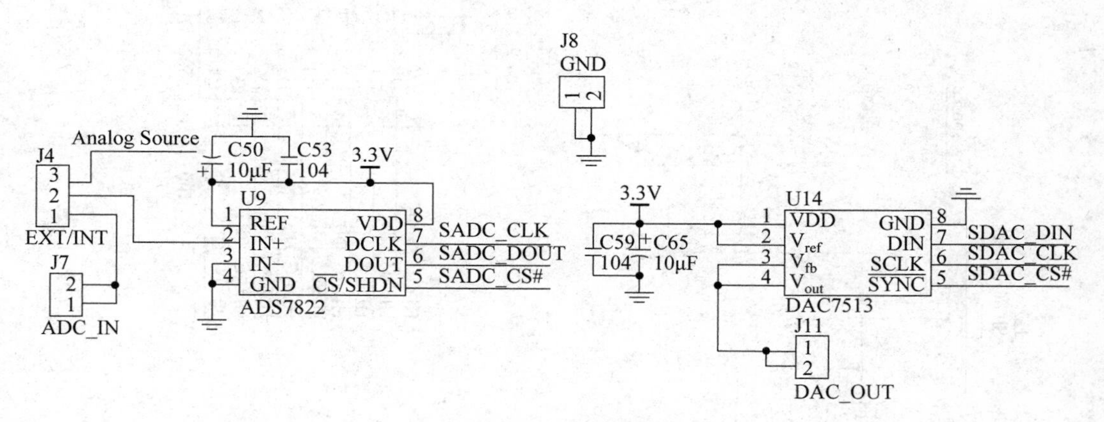

图 B-11 串行 AD/DA

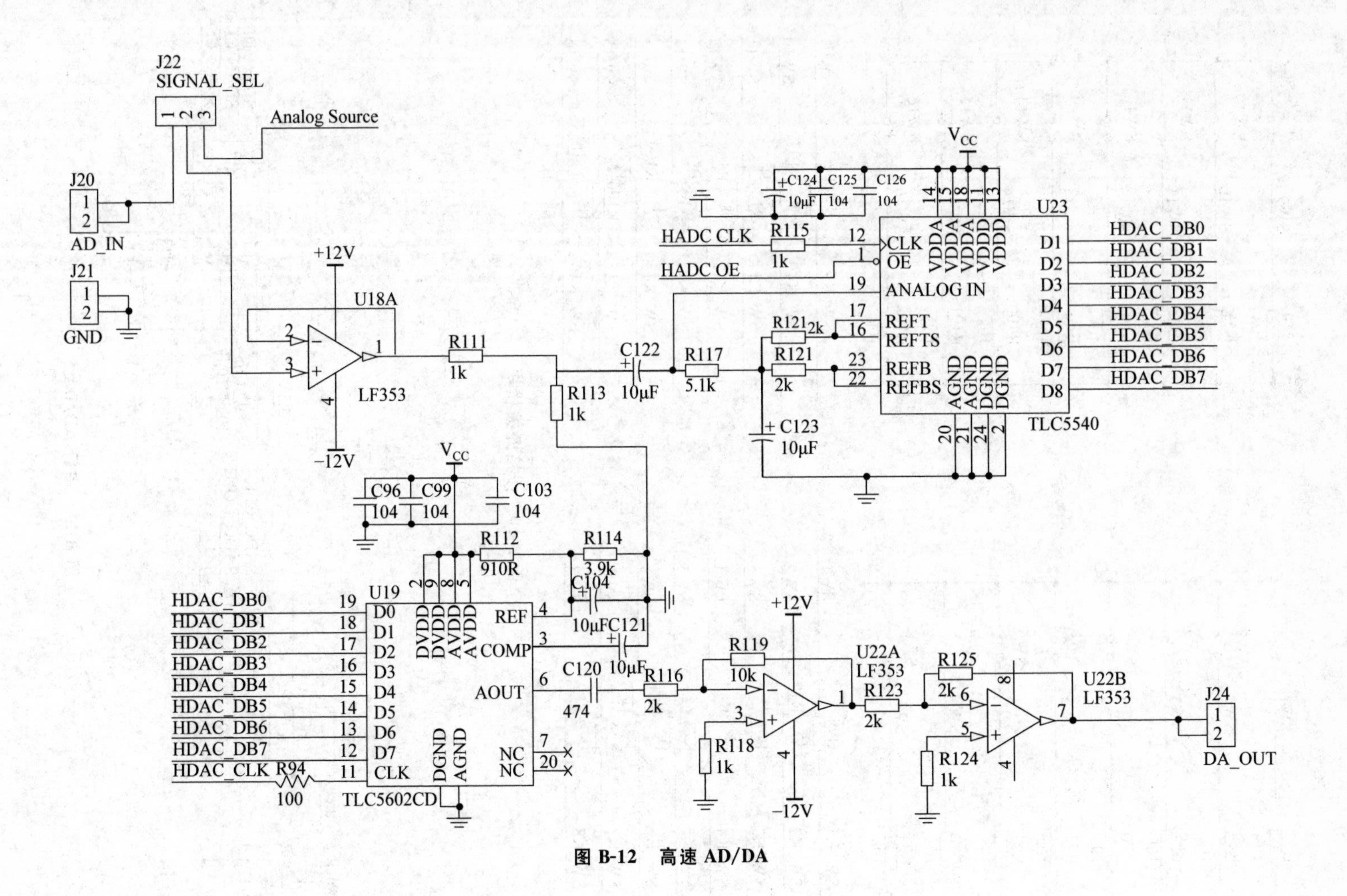
J22
SIGNAL_SEL
Analog Source
J20
AD_IN
J21
GND
+12V
U18A
LF353
-12V
R111
1k
R113
1k
C122
10μF
R117
5.1k
R121
2k
C123
10μF
HADC CLK
R115
1k
HADC OE
C124
10μF
C125
104
C126
104
VCC
U23
CLK
OE
ANALOG IN
REFT
REFTS
REFB
REFBS
VDDA
VDDD
AGND
DGND
D1
D2
D3
D4
D5
D6
D7
D8
TLC5540
HDAC_DB0
HDAC_DB1
HDAC_DB2
HDAC_DB3
HDAC_DB4
HDAC_DB5
HDAC_DB6
HDAC_DB7
HDAC_CLK
R94
100
C96
104
C99
104
C103
104
R112
910R
R114
3.9k
C104
10μF
C121
10μF
U19
D0
D1
D2
D3
D4
D5
D6
D7
CLK
DVDD
AVDD
DGND
AGND
REF
COMP
AOUT
NC
TLC5602CD
C120
474
R116
2k
R119
10k
R118
1k
U22A
LF353
R123
2k
R125
2k
R124
1k
U22B
LF353
J24
DA_OUT
图 B-12 高速 AD/DA

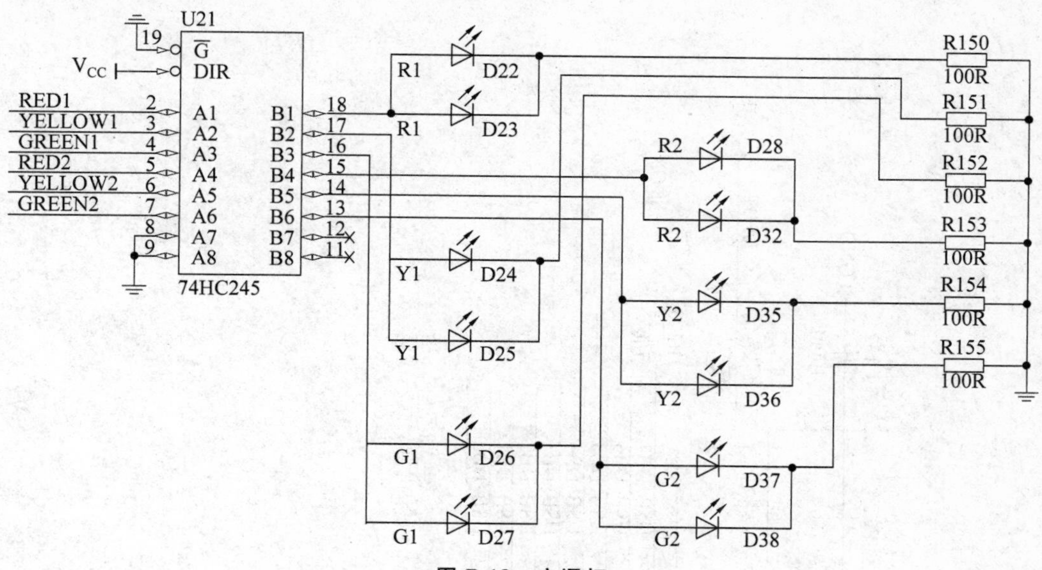

图 B-13 交通灯

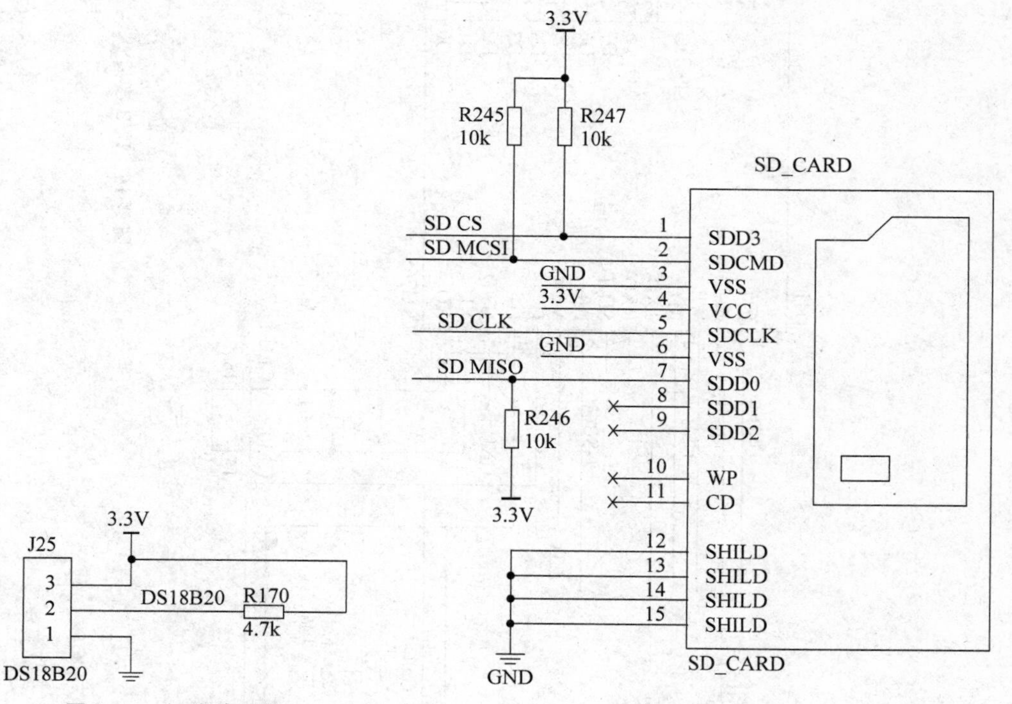

图 B-14 温度传感器

图 B-15 SD 卡

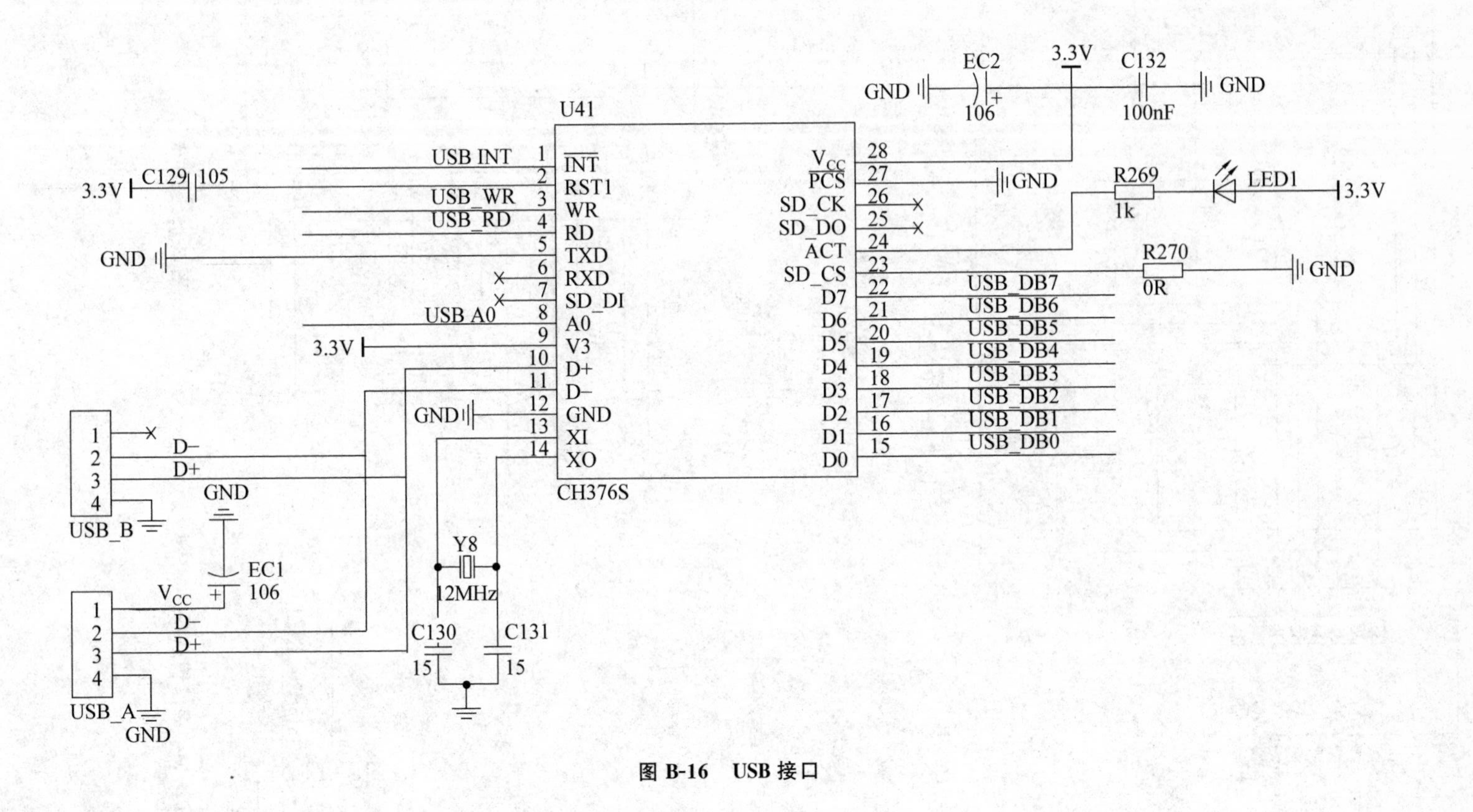
U41
CH376S
USB INT
USB_WR
USB_RD
USB A0
INT
RST1
WR
RD
TXD
RXD
SD_DI
A0
V3
D+
D−
GND
XI
XO
VCC
PCS
SD_CK
SD_DO
ACT
SD_CS
D7
D6
D5
D4
D3
D2
D1
D0
USB_DB7
USB_DB6
USB_DB5
USB_DB4
USB_DB3
USB_DB2
USB_DB1
USB_DB0
EC2
106
C132
100nF
R269
1k
LED1
R270
0R
3.3V
GND
C129
105
Y8
12MHz
C130
15
C131
15
EC1
106
USB_B
USB_A
VCC
D−
D+

图 B-16 USB 接口

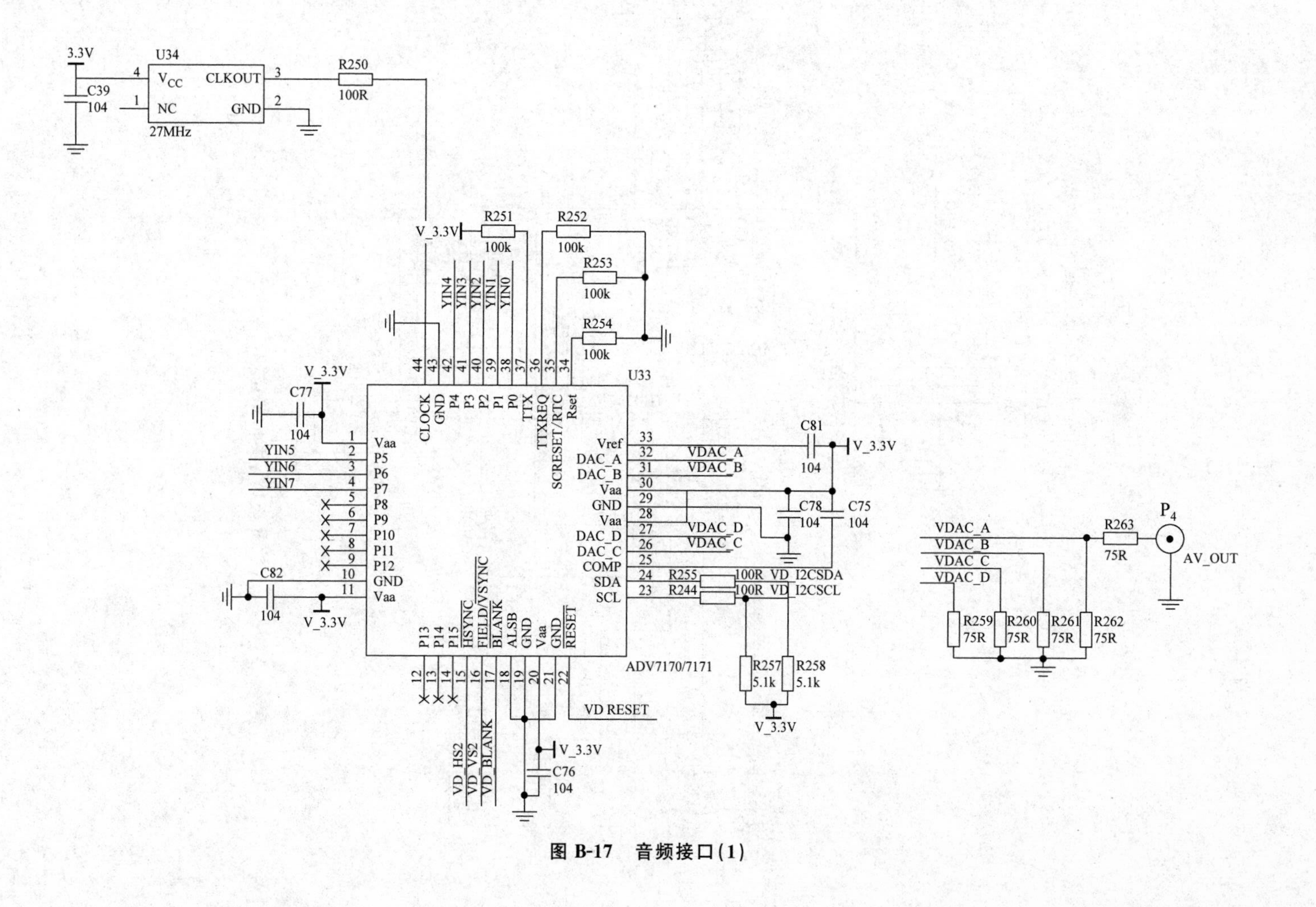

3.3V
U34
VCC
CLKOUT
NC
GND
27MHz
C39
104
R250
100R
V_3.3V
R251
100k
R252
100k
R253
100k
R254
100k
YIN4
YIN3
YIN2
YIN1
YIN0
U33
CLOCK
GND
P4
P3
P2
P1
P0
TTX
TTXREQ
SCRESET/RTC
Rset
C77
104
Vaa
YIN5
YIN6
YIN7
P5
P6
P7
P8
P9
P10
P11
P12
C82
104
GND
Vref
DAC_A
DAC_B
DAC_D
DAC_C
COMP
SDA
SCL
C81
104
VDAC_A
VDAC_B
VDAC_D
VDAC_C
C78
104
C75
104
R255
100R
VD_I2CSDA
R244
100R
VD_I2CSCL
R257
5.1k
R258
5.1k
P13
P14
P15
HSYNC
FIELD/VSYNC
BLANK
ALSB
RESET
ADV7170/7171
VD RESET
VD_HS2
VD_VS2
VD_BLANK
C76
104
R263
75R
P4
AV_OUT
R259
75R
R260
75R
R261
75R
R262
75R

图 B-17 音频接口(1)

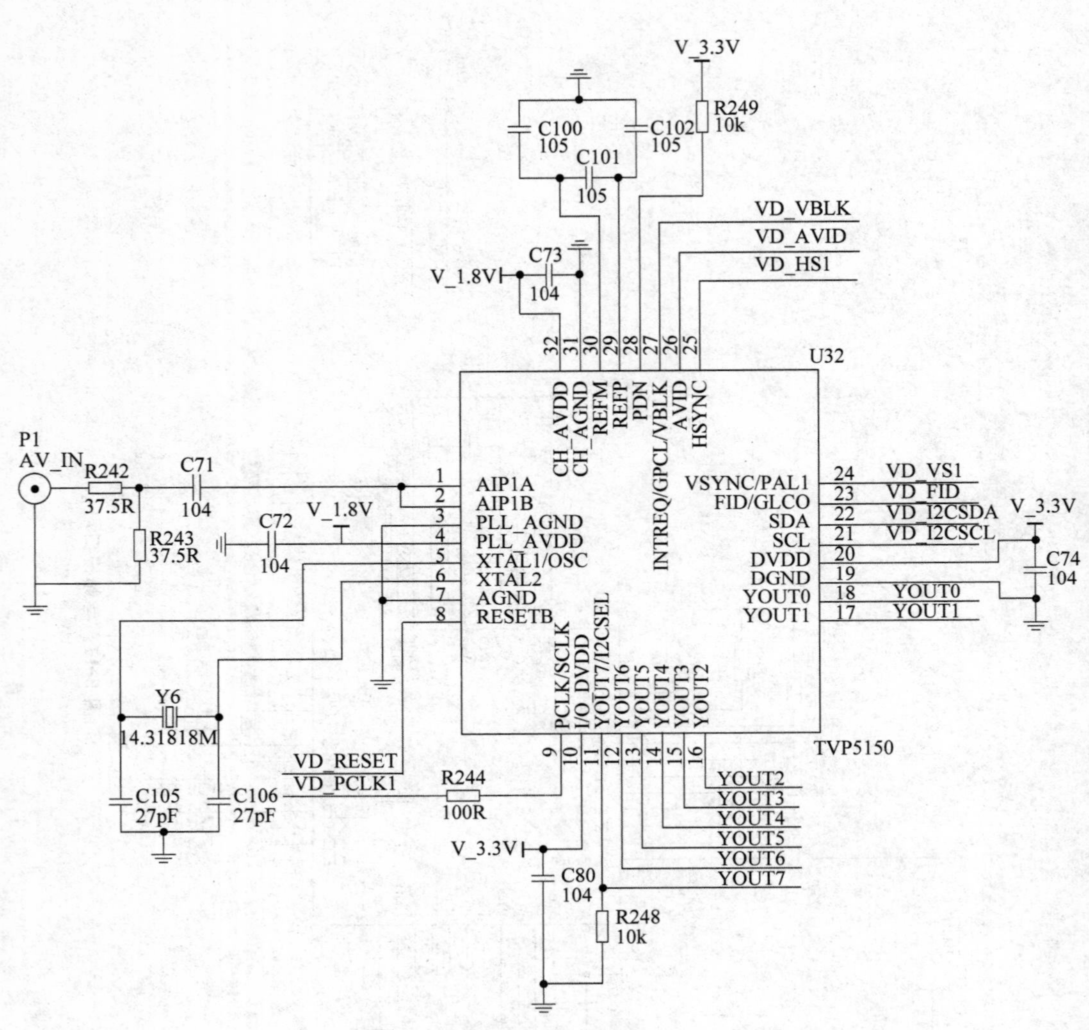
V_3.3V
R249
10k
C100
105
C102
105
C101
105
VD_VBLK
VD_AVID
VD_HS1
V_1.8V
C73
104
32 31 30 29 28 27 26 25
U32
CH_AVDD
CH_AGND
REFM
REFP
PDN
INTREQ/GPCL/VBLK
AVID
HSYNC
P1
AV_IN
R242
37.5R
C71
104
R243
37.5R
C72
104
V_1.8V
1 AIP1A
2 AIP1B
3 PLL_AGND
4 PLL_AVDD
5 XTAL1/OSC
6 XTAL2
7 AGND
8 RESETB
VSYNC/PAL1 24 VD_VS1
FID/GLCO 23 VD_FID
SDA 22 VD_I2CSDA
SCL 21 VD_I2CSCL
DVDD 20
DGND 19
YOUT0 18 YOUT0
YOUT1 17 YOUT1
V_3.3V
C74
104
PCLK/SCLK
I/O_DVDD
YOUT7/I2CSEL
YOUT6
YOUT5
YOUT4
YOUT3
YOUT2
Y6
14.31818M
TVP5150
9 10 11 12 13 14 15 16
VD_RESET
VD_PCLK1
R244
100R
C105
27pF
C106
27pF
YOUT2
YOUT3
YOUT4
YOUT5
YOUT6
YOUT7
V_3.3V
C80
104
R248
10k

图 B-18　音频接口(2)

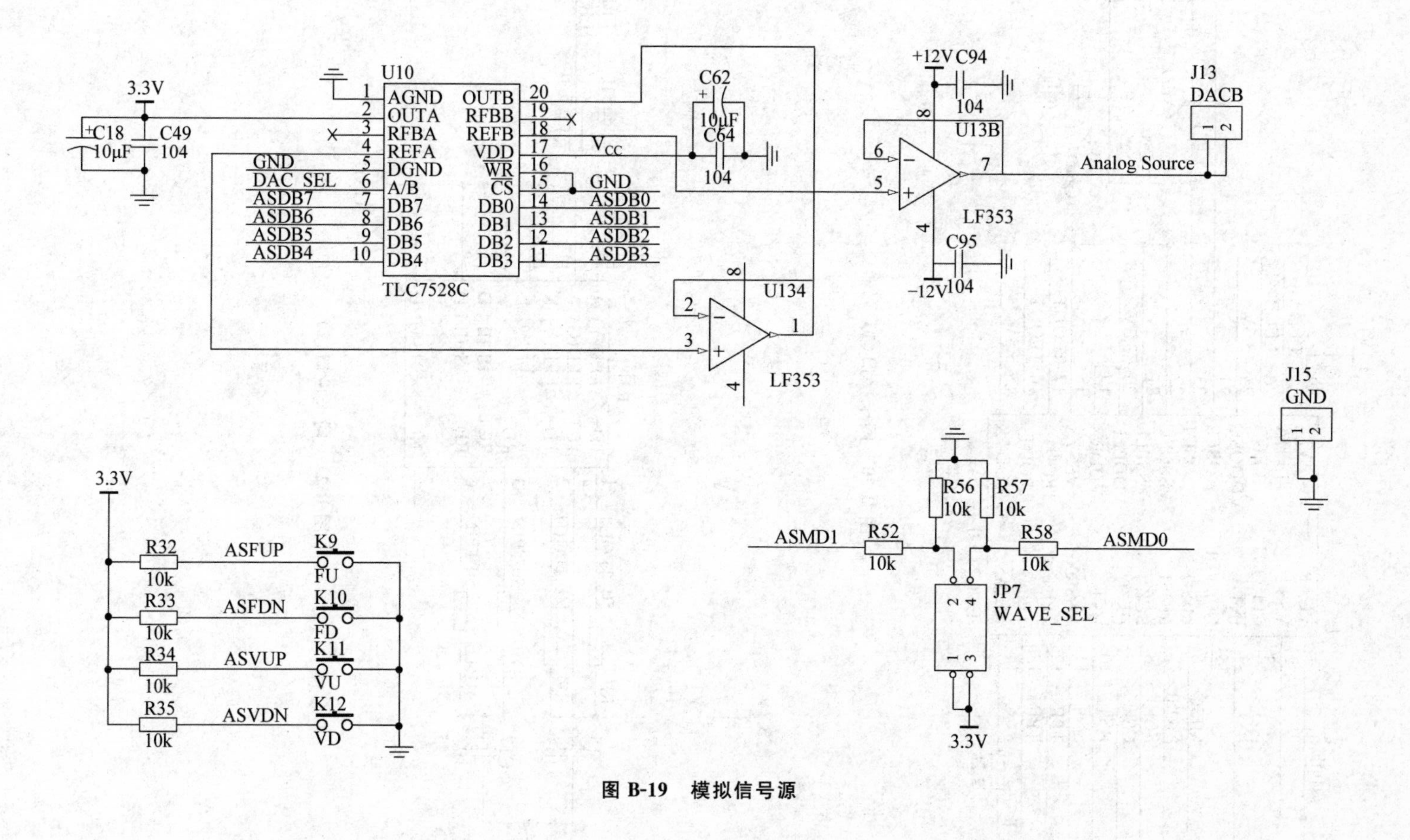
U10
AGND
OUTA
RFBA
REFA
DGND
A/B
DB7
DB6
DB5
DB4
OUTB
RFBB
REFB
VDD
WR
CS
DB0
DB1
DB2
DB3
TLC7528C
3.3V
C18
10μF
C49
104
GND
DAC SEL
ASDB7
ASDB6
ASDB5
ASDB4
ASDB0
ASDB1
ASDB2
ASDB3
VCC
C62
10μF
C64
104
U134
LF353
+12V
C94
U13B
C95
−12V
J13
DACB
Analog Source
J15
GND
R32
R33
R34
R35
10k
ASFUP
ASFDN
ASVUP
ASVDN
K9
K10
K11
K12
FU
FD
VU
VD
ASMD1
R52
R56
R57
R58
ASMD0
JP7
WAVE_SEL

图 B-19　模拟信号源

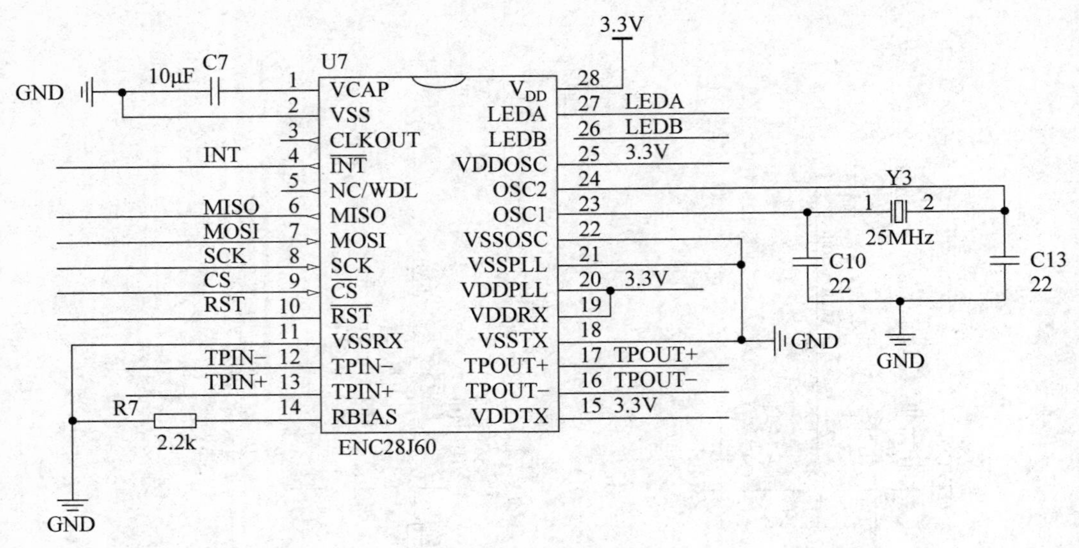

图 B-20　网卡接口（1）

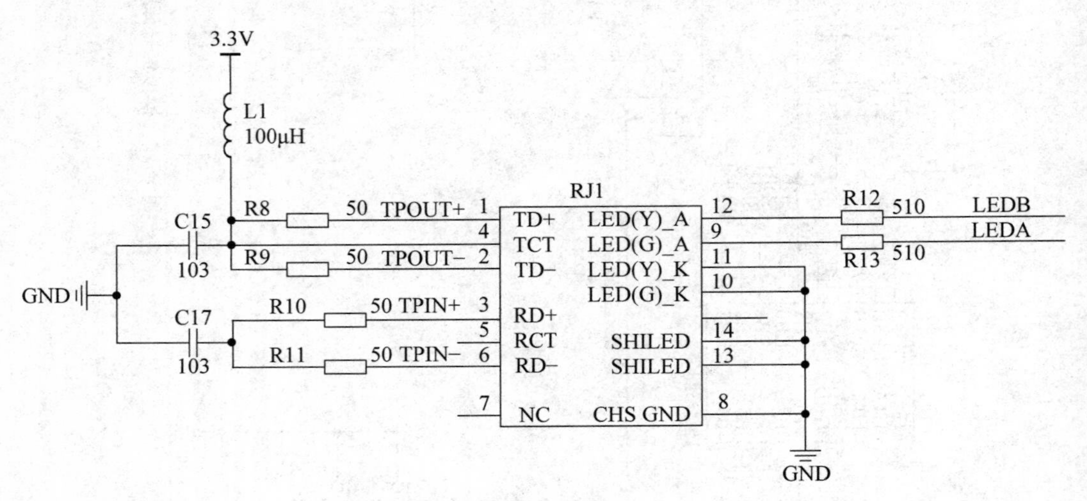

图 B-21　网卡接口（2）

附录 C 核心板 I/O 分配表

EPCS 串行存储器引脚	**对应的 FPGA 引脚**	**Ethernet/W5500 引脚**	**对应的 FPGA 引脚**
DATA0	PIN_N7	RST	PIN_A25
DCLK	PIN_P3	INT	PIN_D24
SCE/nCSO	PIN_E2	MOSI	PIN_C24
SDO/ASDO	PIN_F4	MISO	PIN_B23
复位与时钟	**对应的 FPGA 引脚**	SCLK	PIN_D23
RESET	PIN_AH14	SCS	PIN_C23
CLK	PIN_A14	**音频/TLV320AIC23**	**对应的 FPGA 引脚**
LED	**对应的 FPGA 引脚**	SDIN	PIN_C25
LED1	PIN_AF12	SDOUT	PIN_A26
LED2	PIN_Y13	SCLK	PIN_D25
LED3	PIN_AH12	SCS	PIN_B25
LED4	PIN_AG12	BCLK	PIN_D26
KEY 按键	**对应的 FPGA 引脚**	DIN	PIN_C26
K1	PIN_AB12	LRCIN	PIN_B26
K2	PIN_AC12	**USB**	**对应的 FPGA 引脚**
K3	PIN_AD12	D0	PIN_R24
K4	PIN_AE12	D1	PIN_R23
数码管段选端口	**对应的 FPGA 引脚**	D2	PIN_R22
pa	PIN_AA12	D3	PIN_T26
pb	PIN_AH11	D4	PIN_T25
pc	PIN_AG11	D5	PIN_T22
pd	PIN_AE11	D6	PIN_T21
pe	PIN_AD11	D7	PIN_U28
pf	PIN_AB11	A0	PIN_R28
pg	PIN_AC11	WR	PIN_R26
dp	PIN_AF11	RD	PIN_N21
UART	**对应的 FPGA 引脚**	nINT	PIN_R25
RXD	PIN_A10	—	—
TXD	PIN_A11	—	—

续表

Nand Flash 数据线	对应的 FPGA 引脚	SRAM 地址线	对应的 FPGA 引脚
DB0	PIN_AH19	A14	PIN_AB25
DB1	PIN_AB20	A15	PIN_W20
DB2	PIN_AE20	A16	PIN_R27
DB3	PIN_AF20	A17	PIN_P21
DB4	PIN_AA21	A18	PIN_AB26
DB5	PIN_AB21	**SRAM 数据线**	**对应的 FPGA 引脚**
DB6	PIN_AD21	D0	PIN_V21
DB7	PIN_AE21	D1	PIN_V22
Nand Flash 控制线	**对应的 FPGA 引脚**	D2	PIN_V23
RDY	PIN_AB19	D3	PIN_V24
OE	PIN_AC19	D4	PIN_V25
CE	PIN_AE19	D5	PIN_V26
CLE	PIN_AF19	D6	PIN_V27
ALE	PIN_Y19	D7	PIN_V28
WE	PIN_AA19	D8	PIN_AB27
WP	PIN_AG19	D9	PIN_AB28
SRAM 地址线	**对应的 FPGA 引脚**	D10	PIN_AA24
A0	PIN_W21	D11	PIN_AA25
A1	PIN_W22	D12	PIN_AA26
A2	PIN_W25	D13	PIN_AA22
A3	PIN_W26	D14	PIN_Y22
A4	PIN_W27	D15	PIN_Y23
A5	PIN_U23	CE	PIN_W28
A6	PIN_U24	WE	PIN_U22
A7	PIN_U25	OE	PIN_Y26
A8	PIN_U26	UB	PIN_Y25
A9	PIN_U27	LB	PIN_Y24
A10	PIN_AC26	**Nor Flash 地址线**	**对应的 FPGA 引脚**
A11	PIN_AC27	ALSB	PIN_Y12
A12	PIN_AC28	A0	PIN_AB5
A13	PIN_AB24	A1	PIN_Y7

续表

Nor Flash 地址线	对应的 FPGA 引脚	Nor Flash 地址线	对应的 FPGA 引脚
A2	PIN_Y6	WE	PIN_W3
A3	PIN_Y5	**SDRAM 地址线**	**对应的 FPGA 引脚**
A4	PIN_Y4	A0	PIN_J5
A5	PIN_Y3	A1	PIN_J6
A6	PIN_W10	A2	PIN_J7
A7	PIN_W9	A3	PIN_K1
A8	PIN_V8	A4	PIN_C6
A9	PIN_V7	A5	PIN_C5
A10	PIN_V6	A6	PIN_C4
A11	PIN_V5	A7	PIN_C3
A12	PIN_V4	A8	PIN_C2
A13	PIN_V3	A9	PIN_D7
A14	PIN_V2	A10	PIN_J4
A15	PIN_V1	A11	PIN_D6
A16	PIN_Y10	A12	PIN_D2
A17	PIN_W8	**SDRAM 数据线**	**对应的 FPGA 引脚**
A18	PIN_W4	D0	PIN_G2
A19	PIN_W1	D1	PIN_G1
A20	PIN_W2	D2	PIN_G3
Nor Flash 数据线	**对应的 FPGA 引脚**	D3	PIN_G4
DB0	PIN_AB2	D4	PIN_G5
DB1	PIN_AB1	D5	PIN_G6
DB2	PIN_AA8	D6	PIN_G7
DB3	PIN_AA7	D7	PIN_G8
DB4	PIN_AA6	D8	PIN_E5
DB5	PIN_AA5	D9	PIN_E4
DB6	PIN_AA4	D10	PIN_E3
DB7	PIN_AA3	D11	PIN_E1
Nor Flash 控制线	**对应的 FPGA 引脚**	D12	PIN_F5
CE	PIN_AB4	D13	PIN_F3
OE	PIN_AB3	D14	PIN_F2

续表

SDRAM 数据线	对应的 FPGA 引脚	扩展接口 JP1	引脚定义
D15	PIN_F1	JP1-15	PIN_AH3
SDRAM 控制线	**对应的 FPGA 引脚**	JP2-16	PIN_AE4
BA0	PIN_H8	JP1-17	PIN_AF3
BA1	PIN_J3	JP1-18	PIN_AG3
DQM0	PIN_H3	JP1-19	PIN_AF2
DQM1	PIN_D1	JP1-20	PIN_AE3
CKE	PIN_D4	**扩展接口 JP2**	**引脚定义**
CS	PIN_H7	JP2-1	VCC3.3
RAS	PIN_H6	JP2-2	VCC3.3
CAS	PIN_H5	JP2-3	GND
WE	PIN_H4	JP2-4	GND
CLK	PIN_D5	JP2-5	PIN_AG10
扩展接口 JP1	**引脚定义**	JP2-6	PIN_AH10
JP1-1	VCC5	JP2-7	PIN_AE10
JP1-2	VCC5	JP2-8	PIN_AF10
JP1-3	GND	JP2-9	PIN_AA10
JP1-4	GND	JP2-10	PIN_AD10
JP1-5	PIN_AH6	JP2-11	PIN_AF9
JP1-6	PIN_AE7	JP2-12	PIN_AB9
JP1-7	PIN_AF6	JP2-13	PIN_AH8
JP1-8	PIN_AG6	JP2-14	PIN_AE9
JP1-9	PIN_AF5	JP2-15	PIN_AF8
JP1-10	PIN_AE6	JP2-16	PIN_AG8
JP1-11	PIN_AH4	JP2-17	PIN_AH7
JP1-12	PIN_AE5	JP2-18	PIN_AE8
JP1-13	PIN_AF4	JP2-19	PIN_AF7
JP1-14	PIN_AG4	JP2-20	PIN_AG7

附录D 底板I/O分配表

LED	对应的 FPGA 引脚	数码管片选	对应的 FPGA 引脚
LED1	PIN_N4	SEL2	PIN_L26
LED2	PIN_N8	**交通灯 LED**	**对应的 FPGA 引脚**
LED3	PIN_M9	RED1	PIN_AF23
LED4	PIN_N3	YELLOW1	PIN_V20
LED5	PIN_M5	GREEN1	PIN_AG22
LED6	PIN_M7	RED2	PIN_AE22
LED7	PIN_M3	YELLOW2	PIN_AC22
LED8	PIN_M4	GREEN2	PIN_AG21
LED9	PIN_G28	**按　键**	**对应的 FPGA 引脚**
LED10	PIN_F21	K1	PIN_AC17
LED11	PIN_G26	K2	PIN_AF17
LED12	PIN_G27	K3	PIN_AD18
LED13	PIN_G24	K4	PIN_AH18
LED14	PIN_G25	K5	PIN_AA17
LED15	PIN_G22	K6	PIN_AE17
LED16	PIN_G23	K7	PIN_AB18
数码管段选	**对应的 FPGA 引脚**	K8	PIN_AF18
SEG_A	PIN_K28	**拨挡开关**	**对应的 FPGA 引脚**
SEG_B	PIN_K27	SW1	PIN_AD15
SEG_C	PIN_K26	SW2	PIN_AC15
SEG_D	PIN_K25	SW3	PIN_AB15
SEG_E	PIN_K22	SW4	PIN_AA15
SEG_F	PIN_K21	SW5	PIN_Y15
SEG_G	PIN_L23	SW6	PIN_AA14
SEG_DP	PIN_L22	SW7	PIN_AF14
数码管片选	**对应的 FPGA 引脚**	SW8	PIN_AE14
SLE0	PIN_L24	SW9	PIN_AD14
SEL1	PIN_M24	SW10	PIN_AB14

续表

拨挡开关	对应的 FPGA 引脚	串行 DA	对应的 FPGA 引脚
SW11	PIN_AC14	DIN	PIN_F25
SW12	PIN_Y14	CS	PIN_F27
SW13	PIN_AF13	**步进电机**	**对应的 FPGA 引脚**
SW14	PIN_AE13	A	PIN_L3
SW15	PIN_AB13	B	PIN_L5
SW16	PIN_AA13	C	PIN_L6
矩阵键盘行	**对应的 FPGA 引脚**	D	PIN_L7
R0	PIN_AG26	**直流电机**	**对应的 FPGA 引脚**
R1	PIN_AH26	OUT1	PIN_M2
R2	PIN_AA23	OUT2	PIN_M1
R3	PIN_AB23	PWM	PIN_L8
矩阵键盘列	**对应的 FPGA 引脚**	**并行 ADC**	**对应的 FPGA 引脚**
C0	PIN_AE28	DB0	PIN_E28
C1	PIN_AE26	DB1	PIN_E27
C2	PIN_AE24	DB2	PIN_D27
C3	PIN_H19	DB3	PIN_F28
温度传感器/DS18B20	**对应的 FPGA 引脚**	DB4	PIN_C27
DQ	PIN_E26	DB5	PIN_D28
RTC 实时时钟	**对应的 FPGA 引脚**	DB6	PIN_D22
SCK	PIN_K7	DB7	PIN_E22
I/O	PIN_K2	CLK	PIN_G21
RST	PIN_K3	OE	PIN_E25
IIC 通信 EEPROM	**对应的 FPGA 引脚**	**并行 DAC**	**对应的 FPGA 引脚**
SCL	PIN_G19	DB0	PIN_J24
SDA	PIN_F19	DB1	PIN_J25
串行 AD	**对应的 FPGA 引脚**	DB2	PIN_J26
CLK	PIN_F24	DB3	PIN_H21
DOUT	PIN_F22	DB4	PIN_H22
CS	PIN_F26	DB5	PIN_H23
串行 DA	**对应的 FPGA 引脚**	DB6	PIN_H24
CLK	PIN_E24	DB7	PIN_H25

续表

并行 DAC	对应的 FPGA 引脚	TFT 液晶	对应的 FPGA 引脚
CLK	PIN_H26	D11	PIN_AC18
USB 接口	**对应的 FPGA 引脚**	D12	PIN_AG17
DB0	PIN_C21	D13	PIN_AH17
DB1	PIN_D21	D14	PIN_AD17
DB2	PIN_E21	D15	PIN_AB17
DB3	PIN_A22	CS	PIN_AC24
DB4	PIN_B22	RS	PIN_AE25
DB5	PIN_C22	WR	PIN_R21
DB6	PIN_A23	RD	PIN_AF24
DB7	PIN_A21	RST	PIN_AG25
A0	PIN_C20	MISO	PIN_AD25
WR	PIN_G20	MOSI	PIN_AD26
RD	PIN_D20	PEN	PIN_AD27
nINT	PIN_B21	BUSY	PIN_AD28
SD 卡	**对应的 FPGA 引脚**	nCS	PIN_AE27
CS	PIN_F17	CLK	PIN_AC25
MOSI	PIN_A17	TE	PIN_AD24
MISO	PIN_H17	**网卡/ENC28J60**	**对应的 FPGA 引脚**
CLK	PIN_B17	INT	PIN_G18
TFT 液晶	**对应的 FPGA 引脚**	MISO	PIN_A19
D0	PIN_AH25	MOSI	PIN_B19
D1	PIN_AB22	SCK	PIN_C19
D2	PIN_AH23	CS	PIN_D19
D3	PIN_AE23	RST	PIN_E19
D4	PIN_AH22	**RS232 UART**	**对应的 FPGA 引脚**
D5	PIN_AF22	RXD	PIN_D17
D6	PIN_AD22	TXD	PIN_E17
D7	PIN_AH21	**音频/VS1053B**	**对应的 FPGA 引脚**
D8	PIN_AF21	MISO	PIN_F18
D9	PIN_AG18	MOSI	PIN_E18
D10	PIN_AE18	SCK	PIN_D18

续表

音频/VS1053B	对应的 FPGA 引脚	16×16 双色点阵	对应的 FPGA 引脚
XCS	PIN_C18	COM1_SI	PIN_J19
XDCS	PIN_B18	COM1_SCK	PIN_J23
DREQ	PIN_A18	COM2_RCK	PIN_N26
RST	PIN_J17	COM2_SI	PIN_P27
VGA	**对应的 FPGA 引脚**	COM2_SCK	PIN_N25
D0	PIN_R1	COM3_RCK	PIN_M25
D1	PIN_R4	COM3_SI	PIN_M28
D2	PIN_R5	COM3_SCK	PIN_M26
D3	PIN_R2	COM4_RCK	PIN_M23
D4	PIN_R3	COM4_SI	PIN_M27
D5	PIN_R6	COM4_SCK	PIN_M21
D6	PIN_T8	**视频解码/TVP5150**	**对应的 FPGA 引脚**
D7	PIN_T4	YOUT0	PIN_AC1
D8	PIN_T7	YOUT1	PIN_AC2
D9	PIN_R7	YOUT2	PIN_AC3
D10	PIN_T3	YOUT3	PIN_AC4
D11	PIN_U4	YOUT4	PIN_AC5
D12	PIN_U2	YOUT5	PIN_AC7
D13	PIN_U3	YOUT6	PIN_AC8
D14	PIN_T9	YOUT7	PIN_AC10
D15	PIN_U1	VS1	PIN_U8
HS	PIN_P1	HS1	PIN_U7
VS	PIN_P2	RESET	PIN_AD2
16×16 双色点阵	**对应的 FPGA 引脚**	PCLK1	PIN_AD1
R_RCK	PIN_P25	AVID	PIN_U6
R_SI	PIN_P26	FID	PIN_AB6
R_SCK	PIN_P28	VBLK	PIN_U5
G_RCK	PIN_L28	SDA	PIN_AB7
G_SI	PIN_L25	SCL	PIN_AB8
G_SCK	PIN_L27	HS2	PIN_AD5
COM1_RCK	PIN_J22	—	—

续表

视频解码/TVP5150	对应的 FPGA 引脚	外接接口	对应的 FPGA 引脚
VS2	PIN_AD8	WG19	PIN_C11
BLANK	PIN_AE2	WG20	PIN_B11
视频译码/ADV7170	**对应的 FPGA 引脚**	WG21	PIN_J10
YIN0	PIN_AE15	WG22	PIN_H10
YIN1	PIN_AF15	WG23	PIN_G10
YIN2	PIN_W16	WG24	PIN_F10
YIN3	PIN_AA16	WG25	PIN_E10
YIN4	PIN_AB16	WG26	PIN_G9
YIN5	PIN_AE16	WG27	PIN_D9
YIN6	PIN_AF16	WG28	PIN_C9
YIN7	PIN_Y17	WG29	PIN_F8
外接接口	**对应的 FPGA 引脚**	WG30	PIN_E8
WG1	PIN_E14	WG31	PIN_D8
WG3	PIN_H13	WG32	PIN_C8
WG5	PIN_D13	WG33	PIN_J16
WG7	PIN_J12	WG34	PIN_G16
WG9	PIN_G12	WG35	PIN_D16
WG11	PIN_E12	WG36	PIN_C16
WG13	PIN_C12	WG37	PIN_G14
WG15	PIN_F11	WG38	PIN_K15
WG4	PIN_G13	WG40	PIN_H15
WG6	PIN_K13	IN1	PIN_G15
WG8	PIN_H12	IN2	PIN_F15
WG10	PIN_F12	IN3	PIN_E15
WG12	PIN_D12	IN4	PIN_D15
WG14	PIN_A12	OUT1	PIN_C15
WG16	PIN_E11	OUT2	PIN_J14
WG17	PIN_D11	OUT3	PIN_H14
WG18	PIN_G11	OUT4	PIN_F14

图 书 资 源 支 持

感谢您一直以来对清华版图书的支持和爱护。为了配合本书的使用，本书提供配套的资源，有需求的读者请扫描下方的“书圈”微信公众号二维码，在图书专区下载，也可以拨打电话或发送电子邮件咨询。

如果您在使用本书的过程中遇到了什么问题，或者有相关图书出版计划，也请您发邮件告诉我们，以便我们更好地为您服务。

我们的联系方式：

地　　址：北京市海淀区双清路学研大厦 A 座 701

邮　　编：100084

电　　话：010－62770175－4608

资源下载：http://www.tup.com.cn

客服邮箱：tupjsj@vip.163.com

QQ：2301891038（请写明您的单位和姓名）

资源下载、样书申请

书圈

扫一扫，获取最新目录

用微信扫一扫右边的二维码，即可关注清华大学出版社公众号“书圈”。